Rotes Heft/Ausbildung kompakt 220

Sichern und Stabilisieren von Fahrzeugen

von

Björn Liedtke

Hauptbrandmeister

Berufsfeuerwehr Bielefeld

2., aktualisierte Auflage

Verlag W. Kohlhammer

Die Abbildungen stammen – sofern nicht anders angegeben – vom Autoren.

2., aktualisierte Auflage 2022

Gesamtherstellung: W. Kohlhammer GmbH, Stuttgart

Print:
ISBN 978-3-17-039920-4

E-Book-Formate:
pdf: ISBN 978-3-17-039922-8
epub: ISBN 978-3-17-039923-5

Inhaltsverzeichnis

1 Einleitung

An einem Verkehrsunfall beteiligte Fahrzeuge werden beim Eintreffen an einer Schadenstelle häufig in unterschiedlichen Positionen vorgefunden. Ursächlich dafür ist das Zusammenwirken verschiedener Faktoren, wie z. B. das Aufeinandertreffen ungleicher Massen oder hohe/ungleiche Geschwindigkeiten. Die Endlagen der Fahrzeuge befinden sich allerdings nicht immer in einem statischen Zustand, derartige Einsatzsituationen stellen immer eine dynamische Lage dar. Daher muss schnellstmöglich eine Beurteilung hinsichtlich bestehender oder potenzieller Gefahren erfolgen. Instabilität oder ein drohendes Abrutschen machen ein sofortiges Vorgehen der Einsatzkräfte notwendig, um weitere Gefahrenmomente für alle Beteiligten zu entschärfen.

Sicherungs- und Stabilisierungsmaßnahmen sind essenziell für den Einsatzerfolg, insbesondere bei der Rettung eingeklemmter Verletzter. Bei vielen Verkehrsunfällen sind die erforderlichen Sicherungsarbeiten sofort ersichtlich. Teilweise unterbleiben diese jedoch, wenn eine mögliche, plötzliche Lageänderung von Fahrzeugen nicht bedacht wird – unter Umständen mit gravierenden Folgen für Betroffene und Einsatzkräfte. Daher ist es ratsam, zu Einsatzbeginn generell Sicherungsmaßnahmen zur Erhöhung der Sicherheit aller Anwesenden einzuleiten.

Die in diesem Heft behandelten Sicherungs- und Stabilisierungsmaßnahmen beziehen sich ausschließlich auf das Ausschalten unerwünschter, negativer Bewegungsmomente. Bezüglich der Sicherungsmaßnahmen gegen die Entzündung von Betriebsstoffen, ausgehende Gefahren durch Beteiligung alternativer Antriebsarten, den fließenden Verkehr oder die Auslösung von Sicherheitseinrichtungen wird auf die einschlägige, erhältliche Ausbildungsliteratur verwiesen. Die Beschreibung der einzelnen Vorgehensweisen in dem vorliegenden Heft betrachtet immer die Ergreifung von Maßnahmen für **ein** Fahrzeug. Sind mehrere Fahrzeuge an einer Einsatzstelle betroffen, sind die erforderlichen Sicherungs- und Stabilisierungsmaßnahmen entsprechend parallel bzw. prioritätenorientiert durchzuführen.

Die nachfolgend vorgestellten Möglichkeiten erheben keinen Anspruch auf Vollständigkeit. Ebenso erfordert die Vielfalt des Einsatzgeschehens häufig eine situationsabhängige Anpassung der Maßnahmen.

Somit möchte das vorliegende Ausbildungsheft insgesamt das Bewusstsein erhöhen, sich den Unterschied zwischen Sicherungs- und Stabilisierungsmaßnahmen bewusst zu machen und dazu animieren, sich tiefergehend mit den vielfältigen Einsatzlagen, Vorgehensweisen und Durchführungsmöglichkeiten zu beschäftigen. Das Heft enthält einige Anregungen zur beispielhaften Durchführung von sichernden und stabilisierenden Tätigkeiten.

Wichtiger Hinweis:

Der Verfasser hat größte Mühe darauf verwendet, dass die Angaben und Anweisungen dem jeweiligen Wissensstand bei Fertigstellung des Werkes entsprechen. Weil sich jedoch die technische Entwicklung sowie Normen und Vorschriften ständig im Fluss befinden, sind Fehler nicht vollständig

auszuschließen. Daher übernehmen der Autor und der Verlag für die im Buch enthaltenen Angaben und Anweisungen keine Gewähr, eine Haftung ist ausgeschlossen, eine Anwendbarkeit in eigener Verantwortung ist zu prüfen

2 Definitionen

Die klare Abgrenzung der Begriffe »Sichern« und »Stabilisieren« soll zur Vereinheitlichung der Kommunikation an der Einsatzstelle beitragen. Häufig sind Missverständnisse zwischen der Auftragsvergabe und deren Ausführungen zu beobachten, da die Tätigkeiten zur Sicherung und Stabilisierung sehr oft nur unter dem Oberbegriff »Abstützen« zusammengefasst werden. Diese allgemeine Darstellungsweise beschreibt die notwendigen Maßnahmen jedoch nur ungenau und kann zu Auffassungsfehlern, ungeeigneten Handlungen und damit einhergehenden Zeitverlusten oder unsicheren Ausführungen führen. Die folgenden Definitionen ermöglichen eine klare Auftragsvergabe mit der gewünschten Ausführung. Das im Jahr 2020 überarbeitete Merkblatt zur vfdb-Richtlinie 06/01 »Technische – medizinische Rettung nach Verkehrsunfällen« hat nun ebenfalls die klare Unterscheidung der beiden Begrifflichkeiten »Sichern« und »Stabilisieren« als jeweils selbständige Einsatzmaßnahme mit aufgenommen.

2.1 Sichern

Sichern ist das Ergreifen von Maßnahmen gegen unmittelbar bestehende Gefahren. Ziel ist der Ausschluss einer jederzeit möglichen Lageveränderung mit einhergehenden negativen Begleiterscheinungen für alle Beteiligten. Die Sicherung hat höchste Priorität gegenüber nachfolgenden Einsatzmaßnahmen und ist damit ein elementarer Bestandteil der Rettungsarbeiten.

Zu den Sicherungsmaßnahmen zählt das Sichern gegen

- Absturz,
- Wegrollen,
- Abrutschen und
- Umkippen (Bild 1).

Bild 1: ***Einsatz eines Kranfahrzeuges zur Verhinderung des weiteren Kippens/Abrutschens (Foto: Rainer Madsack)***

2.2 Stabilisieren

Stabilisieren ist die Weiterführung und Anpassung der Sicherungsmaßnahmen, mit der Zielsetzung ein verunfalltes Fahrzeug für nachfolgende Rettungsarbeiten definiert herzurichten. Auf diese Weise sollen unerwünschte Bewegungen durch den Einsatz von Rettungsgeräten möglichst verhindert werden. Zu den Stabilisierungsmaßnahmen zählen das

- Abstützen,
- Fixieren und
- Unterbauen (Bild 2).

Bild 2: ***Stabilisierung mit einem Stützensystem (Foto: Jan Südmersen)***

3 Grundlagen

Grundlegende Kenntnisse der wesentlichen Konstruktionsmerkmale von Kraftfahrzeugen ermöglichen eine schnelle Ermittlung und Benennung zuverlässiger Ansatzpunkte für Sicherungs- und Stabilisierungsgerätschaften. Die große Fahrzeugvielfalt sowie die technische Entwicklung erfordern ein ständiges Auseinandersetzen mit der Thematik. Solide Kenntnisse um Konstruktionen können helfen, ein nicht geeignetes ansetzen der Gerätschaften an einem verunfallten Fahrzeug zu vermeiden. Ungeeignete Ansatzpunkte können zu einem Versagen der Maßnahmen durch Abrutschen, Durchstoßen oder Umfallen der Sicherungs- und Abstützausrüstung führen.

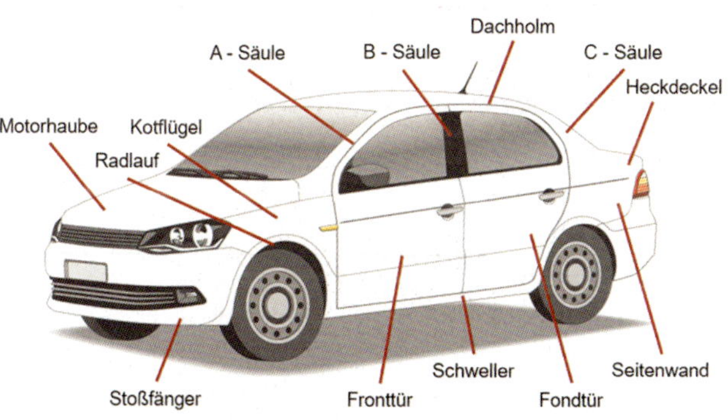

Bild 3: ***Grundlegende Konstruktionsmerkmale von Pkw***

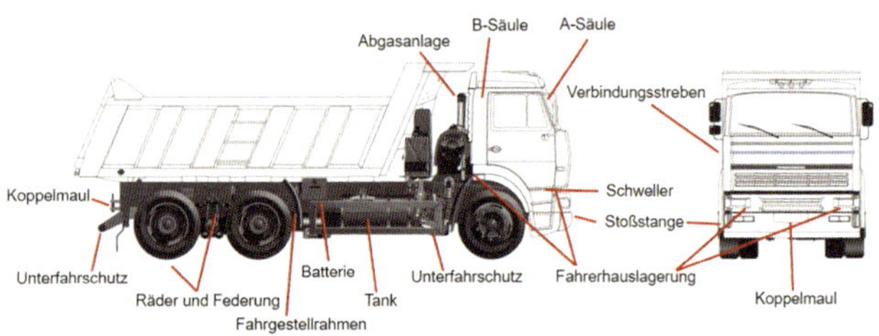

Bild 4: ***Grundlegende Konstruktionsmerkmale von Lkw***

3.1 Karosserie

Die Karosserie ist die tragende Struktur eines Fahrzeuges, dazu zählen u. a. Autos, Lkw, Busse und Motorräder. Sie ist die Grundlage für das Erscheinungsbild eines Fahrzeuges und nimmt die gesamten Aufbauten auf, diese umfassen beispielsweise Seitenwände, die Bodengruppe, Außenverkleidungen, Türschweller, Vorbau, Rahmenseitenträger, Radkasten und Fahrzeugsäulen. Die individuellen Bauformen von Fahrzeugen haben einen direkten Einfluss auf die Ausführungen der Karosseriebestandteile, so verfügt ein Sportwagen i. d. R. über nur zwei Türen und ist sehr kompakt, hingegen benötigt ein Kombi eine größere Karosserie, um Türen und Ladevolumen aufnehmen zu können. Die Karosserie wiederum beeinflusst die Sicherheit, die Geschwindigkeit und den Kraftstoffverbrauch eines Fahrzeugs. So erfüllen die Eigenschaften Gewicht, Verwindungssteifigkeit (Stabilität) und Aerodynamik wichtige Einflussfaktoren im Karosseriebau. Unterschieden werden Karosserien nach ihrer Bauform in nicht selbsttragende und selbsttragende Karosserien.

3.1.1 Nicht selbsttragende Karosserie (Rahmenbauweise)

Bei nicht selbstragenden Karosseriebauformen erfüllt der Aufbau keine tragende Funktion, diese wird allein vom Rahmen übernommen. Der Rahmen nimmt die Aufbauten auf und erlaubt die Realisierung verschiedener Aufbauten. Häufig wird ein Leiterrahmen (zwei mit Querholmen verbundene Längsträger) verwendet. An diesem werden sämtliche Bauteile befestigt. Diese Bauweise ist hauptsächlich bei Lkw und Geländewagen üblich. Die Rahmenbauweise ist die älteste Bauart im Bereich des Karosseriebaus.

3.1.2 Selbsttragende Karosserie

Die selbsttragende Karosserie besteht aus miteinander verbundenen Schalen, an denen die Türen und Hauben über Scharniere befestigt werden. Sämtliche Fahrzeugteile sind aus einzelnen Stahl-, Aluminiumblechen oder anderen Werkstoffen gefertigt. Das Rohmaterial wird durch mehrere Umformungsprozesse in die gewünschte Form gebracht. Durch Verschweißen oder Kleben werden die einzelnen Karosserieteile miteinander verbunden. Die gesamte Konstruktion trägt somit zur Stabilität des Fahrzeugs bei.

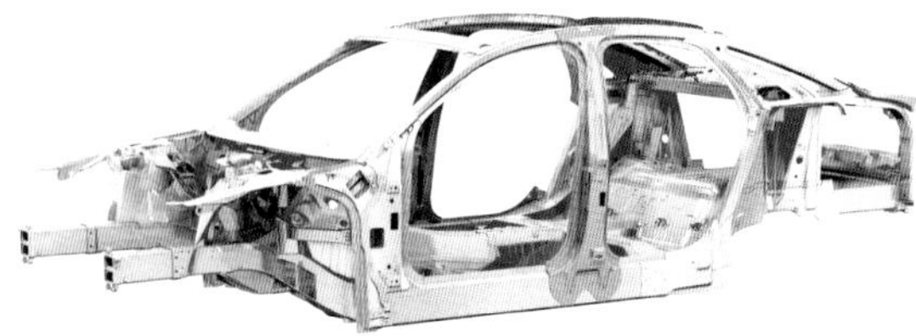

Bild 5: ***Selbsttragende Karosserie (Foto: ingeneurkurse.de)***

3.1.3 Skelettkarosserie (Space-Frame-Karosserie)

Im Gegensatz zur selbstragenden Karosserie verwendet der Space-Frame zusätzlich zu den Formblechen auch Strangpressprofile, Guss- und Schmiedeformteile. Die Profile und die Formteile bilden zusammen die tragende Struktur der Karosserie. Durch diese Gestaltung können die Bleche für die Außenhaut des Pkw sehr dünnwandig ausgelegt werden. Auch die Verwendung von Aluminium als Werkstoff ist zulässig.

3.1.4 Gitterrohrrahmen

Ein Gitterrohrrahmen zählt zu den leichten und steifen Konstruktionen. Eine sinnvolle Anordnung der einzelnen Rohre beschränkt ihre Belastung lediglich auf Zug und Druck. Biegebeanspruchungen treten hierbei fast nicht auf.

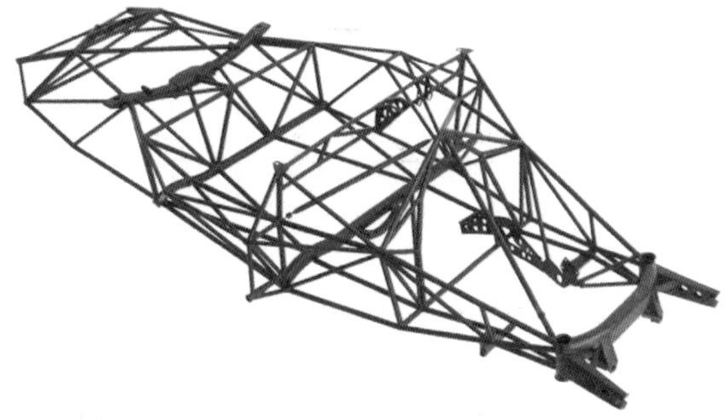

Bild 6: ***Gitterrohrrahmen (Foto: Ingeneurkurse.de)***

3.1.5 Cabriolet

Wesentliches Konstruktionsmerkmal ist das Nichtvorhandensein der Dachholme und des Dachs, diese fehlen als tragende, stabilisierende Komponenten. Daher müssen alle Belastungen durch Verstärkungen in anderen Bereichen erreicht werden, z. B. eine verstärkte Bodengruppe, lange Versteifungen von Fahrzeugsäulen oder Diagonalstreben in den Türen.

3.2 Karosseriematerialien

Im Karosseriebau wird überwiegend auf Stahl zurückgegriffen, aber auch andere Materialien oder Mischbauweisen sind möglich, dazu zählen Aluminium, Kunststoff, Magnesium und andere Hochleistungskomponenten. Häufig werden verschiedene Roh- und Werkstoffe miteinander kombiniert, um bestmögliche Karosserieeigenschaften zu erzielen. Im Nachfolgenden werden die häufig verwendeten Materialien kurz beschrieben. Viele Oldtimer verfügen noch über eine Holzkarosserie, heutzutage sind etwa 90 Prozent aller Karosserien aus Stahlblech gefertigt. Grundsätzlich ist das Metall im Vergleich zu anderen Werkstoffen steif und fest. Im Laufe der Fahrzeugentwicklungen entstanden Stahlsorten die weicher, stabiler, sicherer und leichter sind. Aluminium nimmt nach Stahl den größten Stellenwert der eingesetzten Rohstoffe im Karosseriebau ein. Der Einsatz von Aluminium ist von Vorteil, da der gesamte Aufbau dadurch leichter wird. Nachteilig ist jedoch seine geringe Steifigkeit, dies wird durch die Verwendung dickerer Blechstärken kompensiert. Aufgrund seines ebenfalls sehr geringen Gewichtes wird im Fahrzeugbau auch auf Magnesium zurückgegriffen, aufgrund der aufwendigen Verarbeitung finden sich jedoch i. d. R. nur einzelne Bauteile aus diesem Material an einem Fahrzeug. Auch Kunststoffe werden im Fahrzeugbau für die Fertigung einzelner Karosserieteile verwendet. Oft werden auch Solar- oder andere energieeinsparende Fahrzeuge mit einer Kunststoffkarosserie gebaut. Aus Kunststoff werden häufig Stoßfänger geformt und die Außenhaut von Türen und Hauben als Body-Panel gefertigt. Zunehmende Bedeutung im Fahrzeug(teile)bau haben Komponenten aus Faserverbundwerkstoffen. Hierbei handelt es sich um Mischwerkstoffe, die in der Regel aus einer Mischung aus Kunststoff (meistens Harz) und verstärkenden Fasern bestehen. Im Fahrzeugleichtbau kommen immer häufiger Bauteile aus GFK oder CFK – glasfaserverstärkte- bzw. carbonfaserverstärkte Kunststoffe – zum Einsatz. Bei geringem Gewicht weisen diese Bauteile eine hohe Festigkeit auf.

3.3 Federung

Die Fahrzeugfederung dient der Aufnahme von Bewegungen durch Fahrbahnunebenheiten. Neben der Gewährleistung eines angenehmen Fahrverhaltens soll, in Verbindung mit Schwingungsfedern, eine gleichmäßige Bodenhaftung der Räder erreicht werden. Ohne Federung wäre die Fahrsicherheit nicht gewährleistet. Fahrzeug, Insassen und Ladung wären ungefiltert starken Kräften ausgesetzt. Zur Vorbereitung der Befreiung eines eingeklemmten Verletzten sollten die Federwege blockiert werden, um unerwünschte Fahrzeugreaktionen zu verhindern.

Bei Pkw werden hauptsächlich Schraubenfedern verwendet, in denen sich ein Schwingungsdämpfer befindet. Im Grundsatz handelt es sich um eine spiralförmig aufgewickelte Drehstabfeder. Fahrzeuge der Oberklasse können auch mit einer Luftfederung versehen sein.

Die Federung bei Lkw und Bussen besteht i.d.R. aus Blattfedern, einer Luftfederung oder einer Kombination daraus. Bei der Blattfederung werden vorgespannte, biegsame Stahlbänder zwischen Rahmen und Achsen eingebaut. Die Bauformen der Luftfederung unterscheiden sich in Luftfedern mit einem konstanten Volumen oder Gasfedern mit einer konstanten Gasmenge. Bei der Luftfeder befindet sich die Luft in einem Rollbalg, der über einen Kompressor mit Druckluft versorgt wird. Auf diese Weise kann auf unterschiedliche

Lastzustände reagiert werden. Für den Fall eines Ausfalls der Druckluftversorgung verfügen die Fahrzeuge über eine Notfederung, in der Regel sitzt der Rollbalg auf einer Gummifeder. Im Normalbetrieb stehen die Systeme unter einem Druck von zirka fünf bis zwölf bar.

Bei Gasfedern ist eine konstante Gasmasse in das Federelement eingeschlossen. Neben der verbreiteten Ausstattung der Fahrzeuge mit einer Vollluftfederung sind häufig die Fahrerhäuser zusätzlich über Luftfederbälge gelagert.

3.4 Maße, Achslasten und Gewichte

Aufgrund höherer Gewichte und größerer Abmessungen müssen Sicherungs- und Stabilisierungsmaßnahmen an Bussen, Nutz- oder Sonderfahrzeugen besonders gut und umfangreich geplant werden. Veränderte Schwerpunkte, zu gering dimensionierte oder nicht ausreichende Einsatzmittel könnten überlastet werden und im Einsatzverlauf versagen. Daher ist es wichtig, die Einsatzgrenzen der Geräte zu kennen. Zur Bewertung, ob der Umfang der geplanten Maßnahmen ausreicht, dient u. a. das Abschätzen der vor Ort vorhandenen Fahrzeugmassen und -maße. Die folgenden, aus der Straßenverkehrszulassungsverordnung (StVZO) entnommenen Werte können helfen, Fahrzeuge und die zu erwartenden Ausmaße und Gewichte sicher einschätzen zu können.

3.4.1 Maße – Maximale Länge und Höhen

Lkw: Grundsätzlich gelten folgende zulässigen Längen und Höhen:

- Lkw ohne Anhänger
  - Länge: 12 Meter
  - Breite: 2,55 Meter
  - Höhe: 4 Meter
- Sattelzüge
  - Länge: 16,5 Meter
  - Breite: 2,55 Meter
  - Höhe: 4 Meter
- Gliederzüge
  - Länge: 18,75 Meter
  - Breite: 2,55 Meter
  - Höhe: 4 Meter
- EuroCombi (Gigaliner)
  - Länge: 25,25 Meter
  - Breite: 2,55 Meter
  - Höhe: 4 Meter

Aufgrund der Vielzahl der Regelungen zu Achslasten und zulässigen Gesamtgewichten wird hier zusätzlich auf die bildlichen Darstellungen verwiesen.

Gigaliner:

Hierbei handelt es sich um einen überlangen Lkw mit einer Länge von bis zu 25,25 m, der einen Gewicht von bis zu 60 Tonnen haben kann. Die EG-Richtlinie 96/53/EG bestimmt, dass der jeweilige Staat selbst entscheidet, ob Gigaliner auf der Straße erlaubt werden. Gemäß StVZO sind Lkw, die länger als 18,75 m sind, auf deutschen Straßen nur mit Sondergenehmigung zugelassen. Gigaliner sind nur im Rahmen von Feldversuchen unterwegs. Derzeit nehmen folgende Bundesländer am Feldversuch teil und lassen Gigaliner für bestimmte Strecken zu: Bayern, Hessen, Niedersachen, Sachsen, Schleswig-Holstein, Thüringen, mit Einschränkungen auch Hamburg. Da der Feldversuch noch nicht abgeschlossen ist, liegen derzeit noch keine eindeutigen Ergebnisse vor. Ob diese Fahrzeuge regulär für den Verkehr zugelassen werden, ist derzeit noch nicht absehbar.

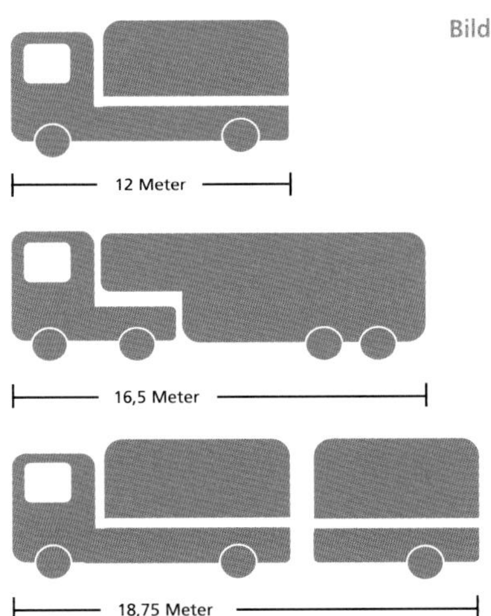

Bild 7: ***Längenangaben von Lkw***

Maximale Gesamtlänge ab Hinterkante Fahrerhaus: 16 Meter
Maximal nutzbare Ladefläche: 15,65 Meter
Maximale Fahrerhaustiefe: 2,35 Meter

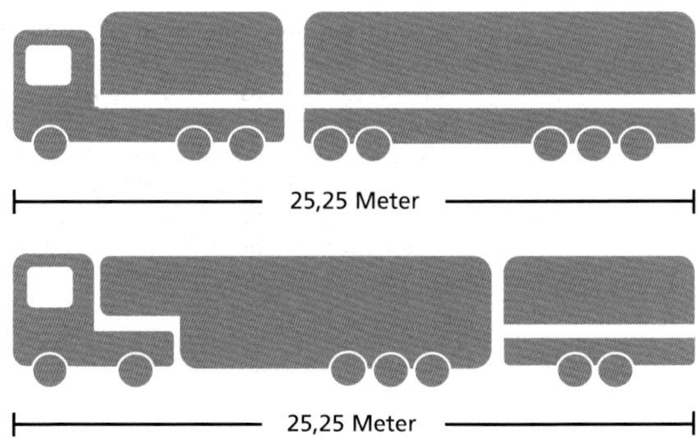

Bild 8: ***Längenangaben von Gigalinern***

Busse: Die maximal zulässige Länge ist an die Zahl der Achsen bzw. Ausführung des Busses gebunden:

- zweiachsige Omnibusse (einschließlich abnehmbarer Zubehörteile (Bspw. Skibox)): 13,50 m. Werden Anhänger hinter Bussen mitgeführt, so darf die Gesamtlänge aus Bus und Anhänger maximal 18,75 m betragen.
- Omnibusse mit mehr als zwei Achsen (einschließlich abnehmbarer Zubehörteile): 15,00 m. Busse mit drei Achsen können einen Anhänger mitführen. Auch hier darf die Kombination aus einem dreiachsigen Bus und einem Anhänger jedoch 18,75 m nicht überschreiten.

- Gelenk-Omnibusse: 18,75 m. Weist ein Gelenkbus bereits eine Länge von 18,75 m auf, ist das Mitführen eines Anhängers nicht möglich.

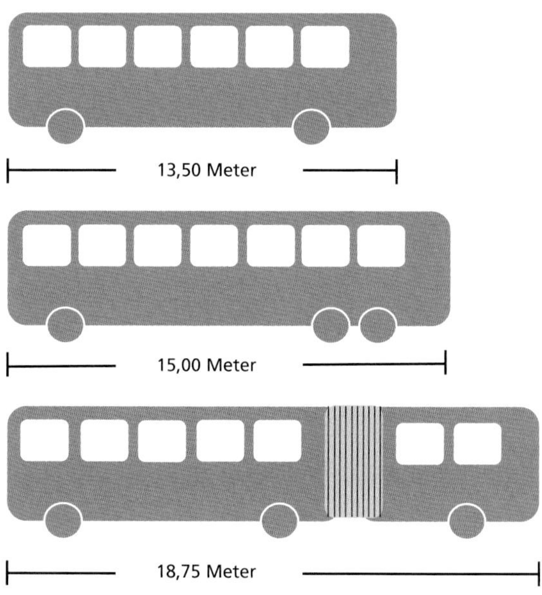

Bild 9: ***Längenangaben von Bussen***

3.4.2 Achslasten und Gewichte

Die beiden wichtigsten Gewichte, die ein Nutzfahrzeug charakterisieren, sind die Achslast und das zulässige Gesamtgewicht. Als zulässige **Achslast** bezeichnet man die Gesamtlast einer Achse oder Achsgruppe, die nicht überschritten werden darf. Die zulässigen Achslasten eines Nutzfahrzeugs bestimmen sein zulässiges Gesamtgewicht und somit die maximal mögliche Zuladung. Das **zulässige Gesamtgewicht (zGG)** eines Fahrzeugs oder einer Fahrzeugkombination ist das Gewicht, das nicht überschritten werden darf. Dieses setzt sich aus der Summe von Leergewicht und maximaler Zuladung des Fahrzeugs zusammen.

Zur Ermittlung des **zulässigen Gesamtgewichts eines Gliederzuges** können nicht einfach die Summen des zGG von Zugfahrzeug und Anhänger addiert werden. Es werden das zGG des Zugfahrzeugs und die maximal zulässige Anhängelast zusammengerechnet. Die Anhängelast ist die tatsächlich vom Zugfahrzeug gezogene Last. Bei Ausstattung mit einer Druckluftbremsanlage (EG-Bremsanlage) darf die Anhängelast das 1,5 fache vom zGG des Zugfahrzeugs betragen. Bei einachsigen Anhängern ohne eigene Bremsanlage darf die Anhängelast die Hälfte vom zGG des Zugfahrzeugs nicht überschreiten.

Auch bei einem **Sattelzug** ist das **zulässige Gesamtgewicht** nicht einfach die Summe aus dem zGG der Sattelzugmaschine und dem Auflieger. Primär werden das zGG des Aufliegers und der Sattelzugmaschine addiert, anschließend aber eine sogenannte wirksame Sattellast von diesem Wert abgezogen.

Beispiel:

- zGG Sattelzugmaschine: 16t
- zGG Auflieger 16t
- Wirksame Sattellast 8t

Das zulässige Gesamtgewicht dieses Sattelzuges ergibt sich also aus: 16t + 16t – 8t = 24t.

Bild 10: ***Beispiel für das zulässige Gesamtgewicht (zGG)***

3.5 Ansatzpunkte

Befinden sich verunfallte Fahrzeuge auf den Rädern oder auf der Seite, lassen sich schnell geeignete Ansatzpunkte für die Gerätschaften und Materialien zur Sicherung und Stabilisierung ausmachen. Einige Einsatzlagen erfordern jedoch eine individuelle Erkundung (Bild 11). Generell eignen sich die konstruktionsbedingt verstärkten Fahrzeugbereiche zum Anbringen der Gerätschaften. Jeder ausgewählte Festpunkt sollte vor der Verwendung auf seine Unversehrtheit hin geprüft und beurteilt werden, um sicherzustellen, dass die auftretenden Kräfte durch die zum Einsatz gebrachten Gerätschaften sicher aufgenommen werden können.

Bild 11: ***Besondere Einsatzsituationen erfordern eingehende Erkundungsmaßnahmen nach geeigneten Ansatzpunkten (Foto: Feuerwehr Groitzsch)***

3.5.1 Pkw/Van

Bei Personenkraftwagen und Vans sind in der Regel die Bereiche der Schweller und der Radhäuser, die Fahrzeugsäulen und die Dachkanten besonders stabile, konstruktive Bereiche. Bestehen Motorhauben, Türaußenverkleidungen oder Seitenteile aus Blech, eignen sie sich ebenfalls zum Anbringen verschiedener Einsatzmittel. Bei anderen Werkstoffen besteht eher die Gefahr, dass sie im Einsatzverlauf durchstoßen werden, reißen oder brechen können.

3.5.2 Lkw/Bus

Bei Lkw und Bussen eignen sich der Fahrzeugrahmen (Bild 12), die Antriebsachsen, die Federbalgträger sowie Koppelmäuler und angebaute Schäkel als stabile Ansatzpunkte. An einem Lkw-Fahrerhaus kann an allen Seiten, inklusive des Daches, Einsatzmaterial angesetzt werden. Eine Sicherung gegen einen drohenden Fahrzeugabsturz darf aber nicht am Fahrerhaus erfolgen. Die konstruktiven Fahrerhaushaltepunkte auf dem Fahrzeugrahmen sind nicht für eine derartige Lastaufnahme ausgelegt und können in der Folge brechen und versagen. Daher zwingend ausreichend feste Haltepunkte an der Fahrzeugrahmenstruktur verwenden.

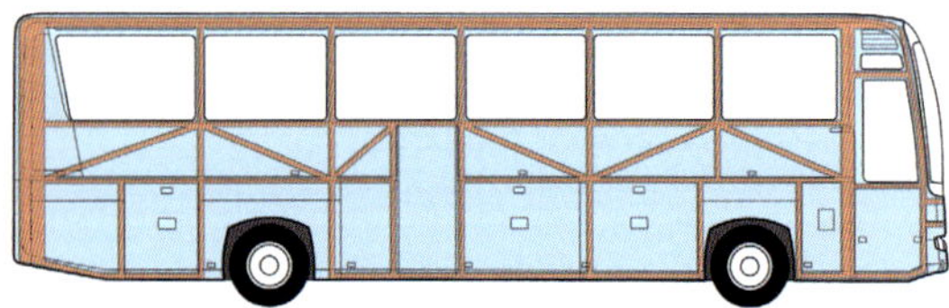

Bild 12: ***Rahmenkonstruktion eines Reisebusses (Grafik: Holmatro)***

Tabuzonen für Anschlagmittel sind:

- Fahrerhaus,
- Kotflügel,
- Tanks,
- Kessel,
- Batteriekästen,
- Leitungen,
- Auspuff,
- Spurstangen,
- Gelenkwellen.

4 Bewegungsprofile

Das Verständnis um mögliche Bewegungsprofile eines Fahrzeuges trägt wesentlich zum Ergreifen adäquater und folgerichtiger Maßnahmen und damit zum Ausschalten unerwünschter Fahrzeugbewegungen bei. In Bild 13 werden unterschiedliche Bewegungsmomente eines Pkw gezeigt. Die Darstellung bezieht sich auf ein Fahrzeug, das auf den Rädern steht. Bei Lkw kommen noch gefederte Fahrerhäuser sowie veränderte Bewegungsmomente durch unterschiedliche Ladungselemente hinzu.

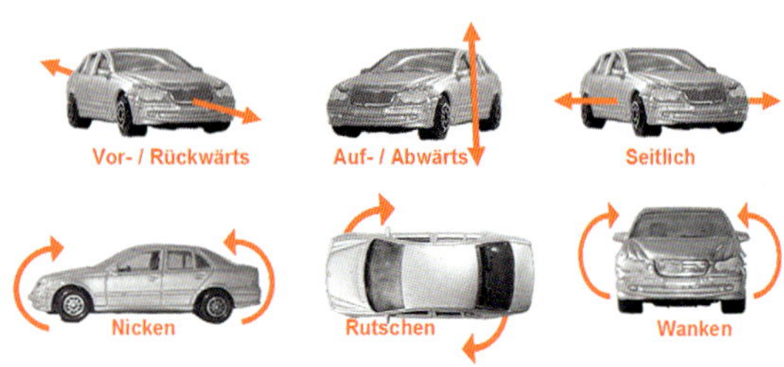

Bild 13: ***Fahrzeugbewegungen***

Erläuterung der Begriffe:

- Vor-/Rückwärts: Fahrzeug kann vor- und rückwärts rollen.
- Auf-/Abwärts: Fahrzeug bewegt sich innerhalb des Federweges.

- Seitlich: Fahrzeug gleitet nach links oder rechts.
- Wanken: Fahrzeug schaukelt sich bei Lastwechseln quer zur Fahrtrichtung auf.
- Nicken: Fahrzeug knickt bei Lastwechseln in der Längsachse ein.
- Rutschen: Fahrzeug kann rutschen – besonders auf vereistem Untergrund. Ein auf dem Dach liegendes Fahrzeug neigt ebenfalls zum Rutschen.

5 Geräte und Material zur Sicherung/Stabilisierung

Die am eigenen Standort vorhandenen Einsatzmittel sowie deren Anwendungsmöglichkeiten und -grenzen sollten umfänglich bekannt sein, bzw. geschult werden. Häufig können diese sowohl zunächst für Sicherungsmaßnahmen als auch im weiteren Verlauf für Stabilisierungsmaßnahmen weiter genutzt werden. In die Schulung ist auch die Kontrolle auf die technische Unversehrtheit der Gerätschaften zu integrieren, um einen sicheren und zuverlässigen Einsatzverlauf zu ermöglichen.

5.1 Seilzugratsche

Die Seilzugratsche wird zum Ziehen und Fixieren von Fahrzeugteilen verwendet (Bild 14). Mittels der auf beiden Seiten der Ratsche befindlichen Haken können Fahrzeugelemente schnell und effektiv angeschlagen und durch Zug am losen Seilende aus dem Arbeitsbereich entfernt werden. Durch den Mechanismus der Ratsche bleibt die aufgebrachte Zugspannung konstant und sichert die Objekte somit zuverlässig in ihrer Position.

Bild 14: ***Seilzugratsche (Foto: Patrick Allinger)***

5.2 Spanngurte

Spanngurte mit einer Ratsche zum verzurren, werden zum Fixieren von Fahrzeugen, Fahrzeugteilen und Ladung eingesetzt. Mit ihnen können Fahrzeuge, Teile oder Ladungselemente verbunden und gesichert werden. Bei Spanngurten handelt es sich um gewebte Polyesterbänder, die mit einer Ratsche zum Festzurren ausgestattet sind. Auf eine geeignete Zugkraft von Gurt und Ratsche ist zu achten, diese technischen Informationen befinden sich jeweils auf einem angenähten Fähnchen.

5.3 Mehrzweckzug

Der Mehrzweckzug wird zum Ziehen und Sichern von Fahrzeugen, Fahrzeugteilen und Ladung eingesetzt. Er wird oft auch Greifzug genannt und dient zum Heben, Ziehen, Ablassen oder Sichern von Lasten. Fahrzeuge oder Ladungselemente können mit ihm in ihrer vorgefundenen Position gehalten werden. Ein Einsatz kann waagerecht, schräg oder senkrecht erfolgen. Die verschiedenen Mehrzweckzüge sind für 800, 1.600 oder 3.200 kg Last ausgelegt. Aufgrund der geringen Abmessungen können sie leicht transportiert werden. Das Zugseil darf nicht direkt an der Last oder einem Festpunkt befestigt werden.

5.4 Maschinelle Zugeinrichtung

Maschinelle Zugeinrichtungen dienen dem Ziehen und Sichern von Fahrzeugen, Fahrzeugteilen und Ladung.

Maschinelle Zugeinrichtung (Windenbetrieb):

Der Betrieb von Seilwinden gilt als gefährliche Arbeit. Zur Erhöhung der Sicherheit gegen eine Fehlbedienung kann die Beachtung folgender Punkte beitragen:

- **Ausreichend Absperr- und Sicherungsmittel vorhalten.**
- **Einsatzumfeld ausreichend absperren.**
- **Gespannte Seile mit Hilfsmitteln »sichtbar« machen (Verkehrsleitkegel, Absperrband, Beleuchtung…).**

- Regelmäßige Ausbildung/Einweisung der Bedienmannschaft durchführen.
- Fahrzeug zur erwartenden Zugrichtung aufstellen.
- Fahrzeug sichern (Unterlegkeile, Feststellbremse).
- Sichere Anschlagpunkte auswählen.
- Geeignete, verwechslungssichere Anschlagmittel verwenden.
- Kein Aufenthalt von Personen im Gefahrenbereich.
- Windeneinsatz ständig beobachten – Beobachtungsposten (Sicherheitsassistent).
- Windeneinsatz bei einer möglichen Gefährdung unverzüglich abbrechen.
- Drahtseil nicht über Kanten ziehen.
- Witterungseinflüsse und mögliche Folgen daraus bedenken.
- Drahtseil und Windenanlage nach jedem Einsatz kontrollieren.

5.5 Drahtseile

Drahtseile werden zum Anschlagen und Ziehen von Lasten verwendet. Sie werden in Zug- und Anschlagseile unterschieden. Die Drahtseile für Zugeinrichtungen stellen die Verbindung zwischen der Last und der Zugeinrichtung her. Sie dürfen nicht zum Anschlagen von Lasten eingesetzt werden. Hierfür gibt es spezielle Anschlagseile. An Anschlagseilen befindet sich eine Marke zur Kennzeichnung der zulässigen Belastung und des Seildurchmessers. Bei der Feuerwehr gebräuchliche Drahtseile haben an den Enden Schlaufen oder Kauschen.

Grundregeln für das sichere Anschlagen von Lasten mit Stahldrahtseilen nach DGUV Information 205-010:

1. Nur ausreichend tragfähige und einwandfreie Stahldrahtseile verwenden. Ablegereife Stahldrahtseile der Benutzung entziehen.
2. Zugseile niemals direkt an die Last anschlagen; immer Anschlagseile verwenden. Zugseile und Anschlagseile nur mittels Schäkel verbinden.
3. Stahldrahtseile nicht über scharfe Kanten spannen oder ziehen. Die Umlenkung vermindert die Tragfähigkeit und verursacht Seilschäden. Kantenschutz verwenden.
4. Seile niemals knoten oder durch Verdrehen verspannen. Seile mit Buchten und Schleifen nicht unter Last ausziehen.
5. Bei Seilen, die mehrfach um eine Last oder einen Festpunkt geschlungen werden, müssen die Windungen dicht nebeneinander liegen. Die Windungen dürfen sich nicht kreuzen.
6. Zu hebende Lasten so anschlagen, dass sie gegen Herabfallen gesichert sind.
7. Personen aus dem Gefahrenbereich unter Spannung stehender Stahldrahtseile heraushalten. Als Gefahrenbereich gilt das 1,5-fache der Seillänge.
8. Lasten langsam und gleichmäßig bewegen. Bei ruckartigen Bewegungen vervielfachen sich die Seilkräfte.
9. Seile nicht über die zulässige Belastung hinaus beanspruchen. Seilspreizwinkel möglichst kleiner 120° halten.
10. Lasten nach Hebe- oder Zugvorgängen gegen unkontrollierte Bewegung sichern, z.B. mittels Unterleghölzern oder durch Keile.

5.6 Ketten

Zum Anschlagen und Ziehen von Lasten sind ausschließlich Rundstahlketten zugelassen. Da die tatsächliche Last eines zu sichernden Objektes oft nur annähernd geschätzt werden kann, dürfen nur hochfeste Ketten verwendet werden. Sie sind an einem roten, achteckigen Kettenanhänger nach DIN 685, auf dem die technischen Daten der Kette eingeprägt sind, erkennbar. Ketten ohne Anhänger dürfen nicht als hochfeste Kette eingesetzt werden. Die Tragfähigkeit einer Kette wird durch ihre Güteklasse bestimmt. Die Güteklassen der Ketten sind durch Kettenanhänger, die sich in Form und Farbe unterscheiden, gekennzeichnet. Auf die Verwendung einer geeigneten Kette ist zu achten.

5.7 Rundschlingen und Hebebänder

Rundschlingen und Hebebänder werden zum Anschlagen, Ziehen und Heben von Lasten eingesetzt (Bild 15). Sie haben ein geringes Eigengewicht. Durch ihre flexiblen Eigenschaften schmiegen sie sich gut an verschiedene Lasten an. Ein angenähtes Fähnchen enthält Informationen über die höchstzulässige Tragfähigkeit und über die Anschlagmöglichkeiten an der Last. Rundschlingen werden aus feinen, parallel verlaufenden endlosen Faserbündeln gefertigt, die mit einem Geweschlauch ummantelt sind. Hebebänder gibt es in einer gelegten und einer gewebten Ausführung. Gelegte Hebebänder bestehen aus ummantelten Fasern und sind an den Enden mit Anschlagmitteln versehen. Gewebte Hebebänder hingegen bestehen aus einem ein- oder zweilagigen Gurtband mit Endschlaufen oder Anschlagmitteln.

Bild 15: ***Rundschlinge im Sicherungseinsatz (Foto: Maximilian Martin, Feuerwehr Saarlouis)***

Hebebänder als Anschlagmittel nach DGUV Information 205-010:

- Hebebänder schonen durch ihre Flexibilität die Oberfläche der Last. Sie eignen sich deshalb besonders für den Anschlag von Lasten mit rutschiger oder empfindlicher Oberfläche.
- Nicht geeignet sind Hebebänder in Verbindung mit heißen oder scharfkantigen Lasten.

- Nur einwandfreie Hebebänder mit lesbarem Etikett verwenden. Ablegereife Hebebänder der Benutzung entziehen.
- Hebebänder nicht über scharfe Kanten spannen und nicht über scharfe Kanten oder aufrauend wirkende Oberflächen ziehen. Ggf. Kantenschutz verwenden. Hinweis: Flexible, dünne Schutzschläuche zum Schutz gegen Abrieb sind kein Kantenschutz.
- Hebebänder dürfen nicht geknotet werden.
- Hebebänder sind trocken, luftig und gegen Einwirkung aggressiver Stoffe geschützt zu lagern.
- Hebebänder sind mindestens einmal jährlich durch eine sachkundige Person zu prüfen. Prüfnachweis führen.

5.8 Ketten- und Seilverbindungen

Ketten- und Seilverbindungen dienen der Verbindung von Seilen und Ketten. Mit ihnen werden Anschlagketten oder -seile untereinander oder mit der Zugeinrichtung verbunden. Zulässig ist die Verwendung von Lasthaken oder Schäkeln. Da sich ein Schäkel nicht von selbst lösen kann, stellt er die sicherste Verbindung dar.

5.9 Rüstholz

Rüstholz wird zum Unterbauen von Fahrzeugteilen verwendet (Bild 16). Der Begriff »Rüstholz« umfasst unterschiedliche Formen von weichem und hartem Holz. Je nach Einsatzzweck finden beispielsweise Keile, Bohlen, lange oder kurze Kanthölzer Verwendung. Rüsthölzer sind vielfältig einsetzbar zum Unterbauen, Erstellen von Stapeln zur Überwindung einer Höhendifferenz, zum Aussteifen, Ausfüllen von Hohlräumen und Überspannen von Gräben.

Bild 16: ***Rüstholz (Foto: Maximilian Martin, Feuerwehr Saarlouis)***

Der Vorteil weicher Hölzer (z. B. Kiefer, Fichte) ist ihre Anpassungsfähigkeit. Sie formen sich dem Objekt gut an, »beißen« sich regelrecht fest. Durch Sägen lassen sich weiche Hölzer einfach, auch direkt an der Einsatzstelle, dem Bedarf entsprechend anpassen. Allerdings eignen sie sich nur bedingt als Auflagefläche für hydraulische Rettungsgeräte.

Harte Hölzer (z. B. Eiche, Buche) sind in der Lage, große Lasten aufzunehmen und trotzdem ihre Form zu behalten. Daher lassen sich mit ihnen leicht Gräben oder andere Hohlräume überbrücken. Ihre große Dichte erlaubt den Einsatz dort, wo hohe Druckfestigkeiten erforderlich sind, beispielsweise als Auflagefläche für hydraulische Rettungsgeräte. Das kaum formverändernde Verhalten kann allerdings zu einer Rutschgefahr führen. Zudem ist ein Anpassen vor Ort kaum möglich.

Tipp:

Messen der Rüstholzstärke in Zentimeter. Den Zahlenwert (ohne Maßeinheit) gut lesbar an allen Seiten auf das Holz aufbringen. Auf diese Weise wird das Erstellen eines seitengleichen Unterbaus erleichtert, da die Anforderung von Rüstholz durch die eingesetzten Kräfte am Objekt durch Nennung eines konkreten Wertes präziser erfolgen kann.

5.10 Formteile

Formteile werden zum Unterbauen von Fahrzeugteilen eingesetzt. Es werden auch vorgefertigte, aufeinander abgestimmte Produkte in extrem belastungsfähigen Varianten aus Kunststoff oder Holz angeboten (Bild 17). Diese sind in unterschiedlichen Formen (z. B. Blöcke, Klötze, Stufenkeile, Keile) erhältlich. Jedes System verfügt über eine spezielle Oberflächenstruktur, dadurch lassen sich die einzelnen Elemente rutschfest zusammenfügen. Eine Kombination mit anderen Materialien ist mit Rutschgefahren verbunden. Teilweise erleichtern angebrachte Trageschlaufen oder Tragesysteme den Transport.

Bild 17: ***Unterbaumaterial aus Kunststoff (Foto: Holmatro)***

5.11 Keile

Keile dienen der Sicherung von Fahrzeugen sowie der Anpassung von Unterbaumaterialien. Durch Unterkeilen von Rädern werden Fahrzeuge am Wegrollen gehindert. Durch das Nachschieben von Keilen können Unterbaumaterialien stufenlos angepasst werden. Verwendbar sind spezielle Radkeile bzw. Keile aus Unterbausets.

5.12 Stützensysteme

Stützensysteme werden zum Sichern und Stabilisieren verwendet. Extra konzipierte Fahrzeugstabilisierungssysteme, die auf dem Prinzip von Baustützen basieren, eignen sich sehr gut für den schnellen Einsatz. An diesen Stützen sind Fixiergurte bereits fest angebracht. Krallenförmige Fuß- und Ansatzelemente sorgen für einen sicheren Halt, zahlreiche Verstellmöglichkeiten erweitern den Nutzen. Die kompakte Bauweise erleichtert das Verstauen auf dem Fahrzeug sowie den Transport zur Einsatzstelle. Angeboten werden unterschiedliche Ausführungen, häufig zusammengefasst zu einsatzspezifischen Sets. Der Vorteil derartiger Systeme gegenüber provisorischen Einsatzmitteln ist die Zeitersparnis, die Sicherheit sowie der geringe Platzbedarf im aufgebauten Zustand. Ein notwendiges Anpassen der Stützen erfolgt in der Regel manuell, beispielsweise beim Anheben eines Fahrzeuges.

5.13 Pneumatische und hydraulische Kombinationssysteme

Neben reinen Fahrzeugstabilisierungssystemen werden auch pneumatische und hydraulische Kombinationssysteme zum Sichern und Stabilisieren angeboten (Bild 18). Derartige Abstützsysteme bieten eine Vielzahl von Einsatzmöglichkeiten und können variabel zusammengestellt werden. Je nach beschafftem Ausstattungsumfang besteht die Möglichkeit, Fahrzeuge, Gebäude o. Ä. abzustützen. Durch eine Ergänzung mit hydraulisch oder pneumatisch angesteuerten Zylindern lassen sich diese Systeme beim Anheben von Lasten stufenlos und automatisch nachfahren und passen sich so dem Objekt an.

Bild 18: ***Pneumatisches Stützensystem (Foto: Jan Südmersen)***

5.14 Bau- und Windenstützen

Bau- und Windenstützen werden zum Sichern und Stabilisieren eingesetzt (Bild 19). Zum Abstützen oder Aussteifen bieten sich, unter Beachtung der Herstellerangaben, ebenfalls Baustützen und Quick Lock-Windenstützen an.

Bild 19: ***Baustützen zur Sicherung und Stabilisierung eines Lkw-Anhängers (Foto: FF Altdorf/FF Feucht)***

5.15 Leitern

Leitern können ebenfalls zum Sichern und Stabilisieren verwendet werden (Bild 20). Stehen Abstützsysteme nicht zur Verfügung, muss man sich der mitgeführten Einsatzmittel bedienen. Mit einem Steckleiterteil kann in Kombination mit einer Leine oder einem Spanngurt eine Sicherung aufgebaut werden. Dies bietet sich bei Pkw und Vans an, die sich auf der

Seite befinden, da der Fahrzeugunterboden und die Räder für diese Variante die besten Ansatzmöglichkeiten bieten. Kritisch anzumerken ist jedoch, dass es sich bei einer Steckleiter um ein Rettungsgerät handelt. Wurde diese zur Sicherung und Stabilisierung verwendet, ist zwingend zu überprüfen, ob Beschädigungen aufgetreten sind. Durch starkes Spannen der Seile oder Gurte kann es schnell zu Brüchen oder einem Verbiegen von Sprossen kommen. Nachteilig gegenüber speziell konzipierten Fahrzeugabstützsystemen sind auch der erhöhte Zeitaufwand beim Aufbau, der Platzbedarf, die schlechten Ansatzpunkte an den Leiterenden sowie mangelnde Beurteilungsmöglichkeiten, ob bestehende Lasten zuverlässig aufgenommen werden können.

Bild 20: ***Stabilisierung mit Steckleiterteilen***

5.16 Hebekissen

Hebekissen können auch zum Unterbauen von Fahrzeugen verwendet werden (Bild 21). Mit Druckluft betriebene Hebekissen lassen sich zum Anheben oder Abstützen von Lasten einsetzen. Ist eine gute Anpassungsfähigkeit oder eine große Hubhöhe erforderlich, eignen sich Niederdruck-Hebekissen. Bei geringen Platzverhältnissen sind aufgrund ihrer flachen Bauart Hochdruck-Hebekissen besser geeignet.

Bild 21: ***Stabilisieren eines Pkw mittels Hebekissen (Foto: Vetter GmbH)***

5.17 Rettungszylinder

Rettungszylinder sind hydraulische Rettungsgeräte und können auch zum Abstützen und Aussteifen benutzt werden (Bild 22). Neben der Verwendung zur Befreiung eingeklemmter Personen können sie auch zur Sicherung von Überlebensräumen eingesetzt werden. Befindet sich beispielsweise ein schweres Fahrzeug auf dem Dach eines anderen Fahrzeuges, kann durch den Einsatz eines Rettungszylinders ein weiteres Nachsacken und Eindringen des oben befindlichen Fahrzeuges in den Innenraum des unten befindlichen Raumes verhindert werden.

Bild 22: ***Rettungszylinder als erste Sicherung, um ein Nachrutschen und ein weiteres Eindringen in den Fahrgastinnenraum zu verhindern***

5.18 Hydraulische Winde

Die hydraulische Winde (Büffelheber) kann zum Sichern und Stabilisieren verwendet werden (Bild 23). Sie ist eine Hebevorrichtung, die sowohl senkrecht als auch waagerecht eingesetzt werden kann. Mit ihr können Fahrzeuge und andere Teile abgestützt oder ausgesteift werden.

Bild 23: ***Lkw-Auflieger liegt auf Pkw, hydraulische Winden sichern den Überlebens- und Arbeitsraum – Dunkelheit und räumliche Enge erschweren hier diesen Einsatz zusätzlich (Foto: Feuerwehr Gütersloh)***

5.19 Sonstige Geräte und Hilfsmittel

Neben den bereits beschriebenen Einsatzgeräten und Materialien gibt es noch weitere Geräte und Hilfsmittel, die zur Sicherung und Stabilisierung von Fahrzeugen verwendet werden können. Die Vielfalt der möglichen Einsatzszenarien erfordert häufig ein besonderes Improvisationsgeschick der Einsatzkräfte. Besondere Lagen können außergewöhnliche Einsatzmittel erforderlich machen. Auch auf den ersten Blick nicht übliche Gerätschaften und Materialien können eine wertvolle Hilfe leisten. Zum Unterbauen oder Ausfüllen von Hohlräumen eignen sich beispielsweise auch gefüllte Säcke mit Ölbindemittel oder Sand. Ebenso können privatwirtschaftliche Maschinen und Geräte (z. B. Bagger oder Lkw mit Ladekran) wertvolle Dienste leisten (Bild 24).

Tipp:

Während der Anfahrt zum Einsatzort auf besondere, potenziell geeignete Fahrzeuge in der unmittelbaren Nähe der Einsatzstelle achten (z. B. Bagger, Radlader, Mobilkräne im Rückstau, auf Baustellen o. ä.). Eventuell ist es möglich, auf diese zurückzugreifen.

Bild 24: ***Radlader sichert Bus gegen Umstürzen (Foto: Hermann Kollinger)***

6 Einsatzmaßnahmen – Erläuterungen

Achtung:

Sicherungs- und Stabilisierungsmaßnahmen dürfen nachfolgende Rettungstätigkeiten nicht behindern. Im Rahmen der Erkundung das Öffnen von Türen, Klappen o. ä. sowie erforderliche, definierte Lageveränderungen mit bedenken. Einen Zeitverlust durch Umbau oder aufwändige Kompensationsmaßnahmen gilt es auszuschließen.

6.1 Sicherung

Eine Fahrzeugsicherung kann beispielsweise durch Unterbauen, Unterkeilen der Räder, dem Einsatz von Abstützsystemen, aber auch durch das Verzurren mittels Stahlseilen, Spanngurten oder Ketten erreicht werden. Durch die Ergreifung von Sicherungsmaßnahmen können weitere Beeinträchtigungen für eingeklemmte Verletzte aber auch die Einsatzkräfte durch unerwünschte Lageänderungen verhindert werden.

Um die Einsatzkräfte nicht zu gefährden, sollte ein Einsteigen in oder ein Besteigen von Unfallfahrzeugen erst nach den vollständig durchgeführten Sicherungsmaßnahmen erfolgen. Unter Umständen ist eine Betreuung von Verletzten zunächst nur von außen möglich. Die folgenden allgemeinen Sicherungsmaßnahmen gelten für alle Fahrzeugarten, müssen allerdings der Lage und dem Umfang entsprechend angepasst werden. Zusätzlich sollte zum Verhindern unerwünschter Bewegungen generell die Feststellbremse angezogen und die Zündung ausgeschaltet werden.

Achtung:

Den Zündschlüssel im Schloss stecken lassen! Bei Abzug (teilweise auch beim Ausschalten der Zündung) könnte sonst eine Komfortschaltung aktiviert werden, bei der u. a. die Sitze automatisch zurückfahren oder Lenksäulen in Aussteigepositionen fahren können.

Schlüssellose Zugangssysteme ermöglichen ein schlüsselloses Entsperren und Starten eines Fahrzeugs. Das Öffnen des Autos geschieht in der Regel über einen Berührungssensor am Türgriff. Zündung ein- und ausschalten sowie der Motorstart erfolgen durch einen Knopf am Armaturenbrett oder in der Mittelkonsole. Hierzu wird ein Sender benötigt, der sich in der Nähe des Fahrzeugs befinden muss. Um ein ungewolltes Starten zu verhindern, muss der Sender ausreichend weit vom Fahrzeug entfernt (i. d. R. > fünf Meter) aufbewahrt oder bei Nichtauffinden des Senders das Bordnetz unterbrochen werden. Beim Ausschalten der Zündung (Betätigung des START/STOP Schalter) muss u. U. mit der Aktivierung von Komfortschaltungen gerechnet werden.

Nach der Durchführung erforderlicher Sicherungsmaßnahmen werden oft noch weitergehende Stabilisierungsmaßnahmen zur Durchführung von Rettungsarbeiten notwendig.

6.1.1 Sicherung gegen Wegrollen

Die einfachste und wirksamste Methode, ein Fahrzeug gegen Wegrollen zu sichern, ist es, die Räder mit (Rad-)Keilen oder Hemmschuhen zu blockieren (Bild 25). Auch das vollständige Unterbauen eines Fahrzeuges verhindert ein Wegrollen. Zusätzlich können – nach Bedarf – noch Zugeinrichtungen o. ä. zur Fixierung genutzt werden.

Bild 25: ***Gegen Zurückrollen gesicherter Kleintransporter (Foto: www.wiesbaden112.de)***

Merke:

Beim Sichern gegen Wegrollen müssen die Hemmschuhe, Keile o. ä. – wenn möglich – immer an der nicht lenkbaren Achse auf beiden Seiten der Räder eingesetzt werden!

Achtung:

Herkömmliche Maßnahmen gegen Wegrollen können bei Elektrofahrzeugen und herkömmlich angetriebenen Fahrzeugen mit einer START/STOP-Automatik versagen, aufgrund des hohen Drehmoments des Fahrantriebs können sie mühelos Keile o. ä. überrollen. Die einzig zuverlässige Maßnahme ein ungewolltes in Bewegung setzen auszuschließen, ist zusätzlich die Deaktivierung/Abschaltung des Antriebssystems.

6.1.2 Sicherung gegen Absturz/Abrutschen

Akut von einem Ab-, Umsturz oder Abrutschen bedrohte Fahrzeuge sind instabile Einsatzlagen (Bild 26). Zum Ausschluss weiterer Gefährdungen müssen zügig Maßnahmen ergriffen werden. Hier eignet sich bspw. der Einsatz von Zugeinrichtungen und Spanngurten, um die Fahrzeuge an ausreichend dimensionierten Festpunkten zu fixieren. Beim Anschlagen an den Fahrzeugen ist auf ausreichend stabile Ansatzpunkte zu achten. Beispielsweise eignen sich eine Umschlingung durch Fensteröffnungen (z. B. vor C/D-Säule(n)) oder um andere feste Fahrzeugteile. Um eine sichere Kraftverteilung zu erreichen, sollten nach Möglichkeit mehrere Fahrzeugteile in die Sicherung eingebunden werden. Nicht nur Fahrzeuge, sondern auch Fahrzeugteile, Ladung oder andere Objekte können gefährdet sein, bzw. es können Gefährdungen von ihnen ausgehen. Zum Beispiel müssen oft auch Lkw-Fahrerhäuser gesichert werden, wenn die Haltepunkte auf dem Fahrzeugrahmen nicht mehr intakt sind.

Bild 26: ***Sichern eines absturzgefährdeten Fahrzeugs durch Spanngurte (Foto: Maximilian Martin, Feuerwehr Saarlouis)***

6.1.3 Sicherung gegen Umkippen

Ein Fahrzeug, das sich beispielsweise auf der Seite liegend oder sich in einer hochkant stehenden/schwebenden Endposition befindet, ist aufgrund seiner Lage oder sich verändernde Schwerpunkte (z. B. verrutschte Ladung) akut umsturzgefährdet. Eine Sicherung des Fahrzeugs kann dann beispielsweise mit Stützen erfolgen. Aber auch andere, durch einen Unfall in Mitleidenschaft gezogene Objekte können umsturzgefährdet sein und bedürfen entsprechender Sicherungsmaßnahmen (z. B. Bäume, Masten, Litfaßsäulen).

Achtung:

Es ist zu bedenken, dass sich Schwerpunktverlagerungen jederzeit auch während eines laufenden Einsatzes entwickeln können. Daher die mögliche Schwerpunktverlagerung, insbesondere durch nachrutschende Ladung, abgetrennte Fahrzeugteile etc. unter Beobachtung halten.

Konstruktionsbedingte veränderte Schwerpunkte beachten. Ein Elektrofahrzeug weist, aufgrund des Gewichts eines verbauten Hochvoltenergiepeichers (bis zu 700 kg), einen anderen Schwerpunkt gegenüber einem gleichen, mit einem herkömmlichen Verbrennungsmotor ausgestatteten, Serienmodell auf.

6.1.4 Sicherung des Überlebensraums

Ist der vorgefundene Bereich, in dem sich eingeklemmte Verletzte befinden, durch Nachrutschen von Lasten oder Versagen von Strukturelementen gefährdet, muss dieser bestehende Raum unbedingt gesichert werden. Auf diese Weise wird ein wichtiger »Überlebensraum« für den Patienten geschaffen. Befindet sich bei einem Unfall beispielsweise ein Pkw unter einem Lkw, muss ausgeschlossen werden, dass Insassen weiter eingeklemmt werden können. Eine Sicherung des Überlebensraums kann beispielsweise schnell und effektiv durch Einbringen eines Rettungszylinders in das Fahrzeuginnere erfolgen (Bild 27), aber auch ein zunächst im Außenbereich eingesetzter Zylinder kann ein Nachrutschen verhindern. Der Rettungszylinder darf dabei aber nur auf Druck gefahren werden, ein Anheben von Lasten ist zu vermeiden.

Bild 27: ***Rettungszylinder im Innenraum eines Pkw zur Überlebensraumsicherung (Foto: Patrick Allinger, Weber Rescue Systems)***

6.1.5 Sicherung abgetrennter, loser Teile

Nicht immer ist es möglich oder nötig, Fahrzeugteile komplett zu entfernen. Bei einer nur teilweisen Entfernung müssen diese Fahrzeugelemente zur Seite gebogen oder gezogen werden,

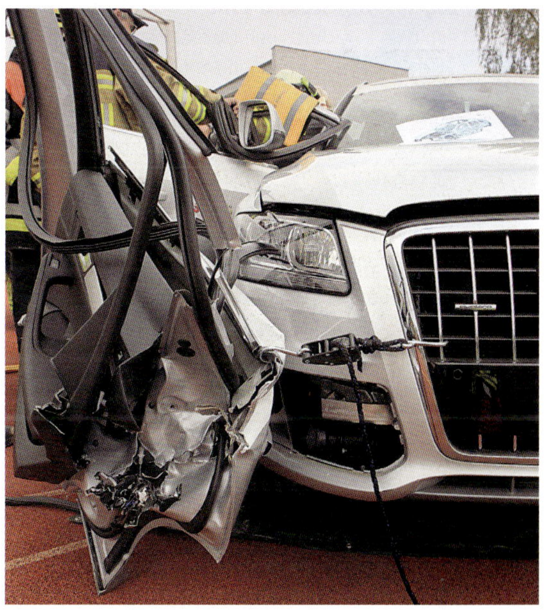

Bild 28: ***Sicherung einer Pkw-Tür mittels Seilzugratsche (Foto: Patrick Allinger, www.technische-hilfeleistung.info)***

um trotzdem ausreichende Platzverhältnisse im Arbeitsbereich zu erhalten. Zur Vermeidung eines unkontrollierten Zurückschlagens müssen sie zusätzlich fixiert werden. Der Einsatz einer Seilzugratsche erleichtert diese Arbeiten. Mittels der auf beiden Seiten der Ratsche befindlichen Haken können Fahrzeugelemente schnell und effektiv angeschlagen und durch Zug am losen Seilende aus dem Arbeitsbereich entfernt werden (Bild 28). Durch den Mechanismus der Ratsche bleibt die aufgebrachte Zugspannung konstant und sichert die Objekte somit zuverlässig in ihrer Position.

6.2 Stabilisierung

Die Stabilisierung ist die konsequente Weiterführung der Sicherungsmaßnahmen. Häufig können die eingesetzten Sicherungsmittel an ihrem Platz belassen werden und die Maßnahmen zur Stabilisierung müssen nur noch den Anforderungen der nachfolgenden Rettungsarbeiten angepasst werden. Zur Stabilisierung von Fahrzeugen dient beispielsweise der Einsatz von Abstützsystemen, das Einbringen von Unterbaumaterial unter der Karosserie sowie das Fixieren von Fahrzeugen bzw. Bauteilen. Bei der Stabilisierung von Fahrzeugen werden häufig verschiedene Geräte und Materialien gleichzeitig verwendet (z. B. Rüstholz und Stützen).

6.2.1 Unterbauen

Das Unterbauen von Fahrzeugen stellt eine Standardmaßnahme dar und soll eine möglichst große Kontaktfläche zwischen dem Unfallfahrzeug und dem Untergrund sicherstellen (Bild 29). Durch das Unterbauen wird das Fahrzeug stabilisiert und eine weitgehende, erschütterungsfreie Durchführung der

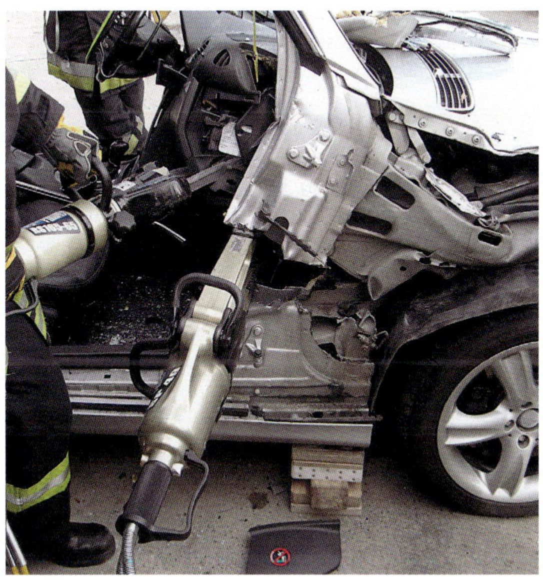

Bild 29: ***Unterbauter Arbeitsbereich an einem Pkw***

Rettungsarbeiten ermöglicht. Ohne einen Unterbau können die aufgebrachten Kräfte der hydraulischen Rettungsgeräte, das Durchtrennen tragender Strukturen sowie Bewegungen der Einsatzkräfte zu einem ungewollten Aufschaukeln der Karosserie oder einem Einknicken der Bodengruppe führen.

Alle unkontrollierten Bewegungen gilt es auszuschließen, da sich diese sehr negativ auf eingeklemmte Verletzte auswirken können (z. B. Verstärkung einer Einklemmung, weitere Verletzungen durch plötzliche Bewegungen). Aber auch für die Einsatzkräfte stellen sie eine latente Gefahr dar. Durch unerwartete Bewegungen könnten Rettungskräfte, die sich teilweise auf sehr kleinen Flächen bewegen müssen, stürzen und/oder sich an scharfen Fahrzeugteilen verletzen.

Hinter dem Schlagwort »Unterbauen« verbirgt sich jedoch weit mehr als das bloße Ruhigsetzen eines auf den Rädern stehenden Kraftfahrzeuges. Bei anderen Einsatzlagen ist es teilweise erforderlich, Hohlräume auszufüllen oder Höhendifferenzen z. B. durch den Bau eines Kreuzverbundstapels zu überbrücken. Weiche oder unebene Untergründe können durch Auslegen von Rüsthölzern für Folgemaßnahmen belastbar gemacht und eine bündige Arbeitsfläche geschaffen werden. Zur Vermeidung eines Durchdrückens von Rettungszylindern muss eine Überlastung des Ansatzpunktes verhindert werden. Hier empfiehlt es sich, diesen separat zu unterbauen und unter die Enden des Zylinders ein Rüstholz oder speziell erhältliche Aufnahme-/Ansatzprodukte als Auflagefläche zu legen.

Einsatzgrundsätze »Unterbauen«:

- Tragen der Persönlichen Schutzausrüstung, Augenschutz verwenden.
- Fahrzeug vor Durchführung von Rettungsarbeiten unterbauen.
- Ruckartige und starke Bewegungen vermeiden.
- Auf Tragfähigkeit des Untergrunds achten, ggf. stabile Unterlage schaffen.
- Last unterbauen, nicht anheben.
- Stabilisierungsmaterial (Hebekissen, Rüstholz etc.) möglichst bündig zu den Fahrzeugkonturen unter der Last ansetzen (Bild 30).
- Nicht mehr als zwei Rüsthölzer in gleicher Richtung übereinander anordnen.
- Zur besseren Lastaufnahme und Standsicherheit Kreuzverbundstapel aufbauen.
- Zur Überbrückung größerer Höhendifferenzen Kreuzverbundstapel aufbauen.
- Idealerweise an vier Punkten unterbauen, mindestens jedoch an drei Punkten.
- Ständige Beobachtung des Unterbaus, ggf. Anpassung (Sicherheitsassistent).
- Unterbau so platzieren, dass Rettungsarbeiten nicht behindert werden.
- Rüsthölzer o.Ä. nicht auf Airbagmodulen oder anderen Sicherheitseinrichtungen ansetzen.

Bild 30: ***Unterbauen entlang der Fahrzeugkonturen zur Vermeidung von Stolperfallen***

Tipp:

Für eine gleichmäßige Anpassung Stufenkeile schräg – ideal in Ergänzung mit einem Keil – ansetzen (Bild 31).

Bild 31: ***Stufenkeile schräg angesetzt (Grafik: Holmatro)***

Merke:

Ein Arbeiten zwischen Last und Unterbau/Boden sollte möglichst vermieden werden!

6.2.2 Abstützen

Das Abstützen dient der Vorbereitung technischer Rettungsmaßnahmen. Manchmal reicht es aus, die gesetzten Sicherungsstützen stehen zu lassen. Ist diese primäre Sicherung allein nicht in der Lage, Bewegungen, die durch nachfolgende Arbeiten entstehen können, sicher auszuschalten oder ist sie unterdimensioniert, sind die Abstützmaßnahmen zu erweitern. Ist absehbar, dass die im Erstangriff platzierten Stützen die nachfolgenden Rettungsarbeiten behindern, sind diese vorsichtig umzusetzen. Die Grundlage für eine stabile Abstützung bildet ein Dreieck, dessen Aufbau immer nach dem gleichen Schema erfolgt: Der obere Teil des Stützelementes wird gegen das Objekt gelehnt, an der Basis werden der Stützfuß und das Fahrzeug miteinander verbunden (Bild 32). Wird so auf beiden Fahrzeugseiten verfahren, können unerwünschte Bewegungen sicher ausgeschlossen werden – egal

Bild 32: ***Eine provisorische Abstützung mittels Steckleiterteil erfordert eine größere Aufstellfläche als ein spezielles Stützensystem (Foto: www.wiesbaden112.de)***

ob sich das Fahrzeug auf dem Dach, der Seite oder auf den Rädern stehend befindet.

Einsatzgrundsätze »Abstützen«:

- Tragen der Persönlichen Schutzausrüstung, Augenschutz verwenden.
- Bei ab- oder umsturzgefährdeten Objekten nur mit größter Vorsicht vorgehen.
- Optimaler Winkel zwischen Untergrund und aufgestellter Stütze beträgt 45°.
- Auf geraden Gurtverlauf ohne Verdrehungen achten.
- Spannen der Gurte bis sie »auf Zug« sind, anheben oder starke Bewegungen vermeiden.
- Nach Spannen von Spanngurten auf Sicherungsposition der Ratsche achten.
- Bei scharfen Kanten oder heißen Fahrzeugteilen Kantenschoner verwenden.
- Abstützung so platzieren, dass Rettungsarbeiten nicht behindert werden.
- Abstützungen nicht auf Airbagmodule oder andere Sicherheitseinrichtungen stellen.

6.2.3 Fixieren

Lose Objekte, verrutschte Ladungsgegenstände, aufeinanderliegende Fahrzeuge oder Lkw-Fahrerhäuser lassen sich durch Verzurren mit einem Spanngurt fest an ihrem vorgefundenen Ort fixieren (Bild 33).

Bild 33: ***Fixieren eines Pkw mittels Spanngurt (Foto:*** *www.wiesbaden112.de****)***

Achtung:

Sicherungs- und Stabilisierungsmaßnahmen müssen den gesamten Einsatzverlauf über an den erforderlichen Stellen sicheren Halt bieten, daher ist es notwendig, sie während ihrer Verwendung permanent auf einen korrekten und ausreichenden Sitz hin zu überprüfen. Gegebenenfalls Nachspannen, Nachstellen oder andere notwendige Korrekturen durchführen. Nach einem Einsatz sind Gerätschaften und Zubehör auf Beschädigungen hin überprüfen.

Hinweise zu Elektrofahrzeugen

Aufgrund eines sehr schweren Unfalls kann es zu einer Beschädigung des Hochvoltenergiespeichers kommen, u. U. mit dessen Zerteilung oder Lösung vom Fahrzeug. Eine mögliche Beschädigung des Hochvoltenergiespeichers und daraus resultierende Gefahren können u. a. anhand folgender Kriterien erkannt werden:

- Erwärmung des Energiespeichers,
- Rauchentwicklung, Geräusche (Blubbern, Knistern, Zischen), Funken,
- Brandgeruch.

Von beschädigten Hochvoltkomponenten oder Hochvoltleitungen (z. B. offene Bauteile, abgerissene Leitungen) kann grundsätzlich eine elektrische Gefährdung ausgehen. Hochvoltleitungen außerhalb von Hochvoltenergiespeichergehäusen oder vergleichbaren Einhausungen sind immer orangefarben. Hochvolt-Komponenten sind mit Warnaufklebern gekennzeichnet. Ein Berühren von Schadstellen ist zu vermeiden. Dies kann durch Absperren, Abdecken oder Abschirmen erfolgen. Bei notwendigen Arbeiten in diesen Bereichen sollen beschädigte Teile mit geeigneten elektrisch isolierend, anschmiegsamen Abdeckungen (z. B. gemäß IEC 61112) abgedeckt werden.

Merke:

Ein direktes Positionieren von Gerätschaften/Material zur Sicherung, Stabilisierung, Unterbau, Fixierung oder zum Abtrennen von Bauteilen oder ähnliche Maßnahmen auf Bauteilen des Hochvolt-Systems sollte vermieden werden.

Das Hochvolt-System des Fahrzeugs sollte sofern möglich manuell deaktiviert werden (Beschreibung im fahrzeugspezifischen Rettungsdatenblatt beachten).

7 Einsatzmaßnahmen – Beispiele

Im folgenden Kapitel werden anhand verschiedener Einsatzlagen beispielhafte Möglichkeiten zur Sicherung und Stabilisierung von Pkw/Vans sowie Lkw dargestellt.

Da die an Unfallstellen vorgefundenen Lagen sehr unterschiedlich sein können, sind die vorgestellten Varianten nicht immer in der vorgestellten Form anwendbar. Die Gesamtlage muss bei jedem Einsatz genau beurteilt werden, die Maßnahmen sind entsprechend in ihrem Umfang anzupassen. Oft gibt es mehrere Möglichkeiten, einen Einsatz erfolgreich zu bewältigen. Manchmal sind aufgrund der Lage oder der vorhandenen Ausrüstung aber auch enge Grenzen gesetzt.

7.1 Verkehrsunfall Pkw/Van

Im Folgenden werden anhand häufig anzutreffender Einsatzlagen beispielhafte Lösungsansätze zur Sicherung und Stabilisierung von Pkw und Vans beschrieben. Die vorgestellten Maßnahmen erheben keinen Anspruch auf Vollständigkeit und können nicht alle einsatztechnischen Besonderheiten abdecken. Daher ist es bereits im Vorfeld wichtig, dass sich jede Einsatzkraft mit den eigenen Gerätschaften und Möglichkeiten vertraut macht, um auf unterschiedliche Gegebenheiten adäquat reagieren zu können.

Manche Einsatzlagen (z. B. ein akut absturzgefährdetes Fahrzeug) erfordern ein sofortiges Handeln. Deshalb kann es notwendig sein, dass erste Sicherungsmaßnahmen direkt nach dem Erreichen der Einsatzstelle, parallel zu einer weiteren Erkundung, durchgeführt werden müssen.

7.1.1 Fahrzeug auf Rädern

Fahrzeuge, die sich nach einem Verkehrsunfall auf den Rädern stehend befinden, sind an Einsatzstellen häufig anzutreffen. Aber auch diese, zunächst einfach erscheinende Lage kann eine Vielzahl an Gefahren beinhalten, die es zu beachten gilt. Zunächst muss frühzeitig ein mögliches Wegrollen der Unfallfahrzeuge bedacht und verhindert werden. Dieser Auftrag kann durch den Einheitsführer direkt nach dem Erreichen der Einsatzstelle an einen Trupp vergeben und bereits während der weiteren Erkundung ausgeführt werden. Mit dieser Vorgehensweise lässt sich Zeit einsparen.

Sicherung gegen Wegrollen
Sofern möglich, werden die Räder der nicht lenkbaren Achse auf beiden Seiten mit Radkeilen o. a. versehen. Zum Blockieren der Räder eignen sich aber auch Kanthölzer oder Keile aus Unterbausets (Bild 34). Außerdem sollte die Handbremse angezogen und die Antriebsenergie deaktiviert werden. Bei sehr starkem Gefälle oder einem Abgrund kann ein zusätzliches Sichern mit einer Zugeinrichtung, Spanngurt o. a., notwendig werden. Weitergehende Sicherungsmaßnahmen bei Elektrofahrzeugen beachten (siehe den Kasten Achtung in Kapitel 6.1.1).

Bild 34: ***Sichern der Räder mit Keilen (Foto: Holmatro)***

Stabilisieren durch Unterbauen

Zur Vermeidung unerwünschter Bewegungen während der Durchführung technischer Rettungsmaßnahmen (z. B. durch Nachsacken von Fahrzeugteilen, Einknicken der Bodengruppe oder Durchstanzen von Rettungsgeräten) muss das Unfallfahrzeug formschlüssig unterbaut werden.

Stabilisieren durch einen 4-Punkt-Unterbau

Grundsätzlich ist die Stabilisierung durch einen »4-Punkt-Unterbau« anzustreben (Bild 35). Dabei wird auf beiden Fahrzeugseiten unter den A- und B-Säulen Unterbaumaterial eingeschoben. Bei großen Fahrzeugen wird eventuell auch das Unterbauen der C-Säulen erforderlich. Der Unterbau beinhaltet zusätzlich Keile o. ä. zur Sicherung gegen Wegrollen.

Bild 35: ***4-Punkt-Unterbau***

Beim Einbringen von Unterbaumaterial ist auf das Anheben des Unfallfahrzeuges zu verzichten, da eingeklemmte Personen dadurch unnötigen Bewegungsmomenten ausgesetzt werden können. Leichte Schläge auf das Stabilisierungsmaterial mit einem Gummihammer oder einem Halligan-Tool verfestigen den Unterbau und schonen den Patienten.

Stabilisieren durch einen 3-Punkt-Unterbau

Verhindern enge Platzverhältnisse oder andere Einflüsse einen Unterbau an vier Punkten, ist mindestens ein »3-Punkt-Unterbau« anzustreben (Bild 36). In Form eines Dreiecks werden die A- und B-Säule der Rettungsseite (Platz des eingeklemmten Verletzten) sowie die B-Säule der gegenüberliegenden Seite unterbaut. Durch die Dreieckform wird eine hohe Stabilität erreicht. Der Unterbau beinhaltet zusätzlich Keile o.ä. zur Sicherung gegen Wegrollen.

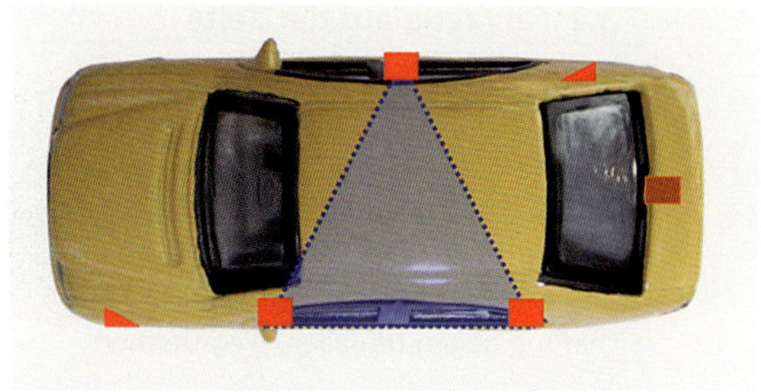

Bild 36: ***3-Punkt-Unterbau***

Anpassen des Unterbaus

Gewichts- oder Strukturveränderungen durch laufende Einsatzmaßnahmen erfordern eine ständige Kontrolle des Unterbaus. Unter Umständen muss dieser den geänderten Bedingungen angepasst werden. Hierzu eignen sich Keile, die unter den Unterbaumaterialien platziert jederzeit stufenlos nachgeschoben werden können.

Bodenunebenheiten

Behindern Bodenunebenheiten den Einsatz, sind diese durch Einbringen von geeigneten Füllmaterialien (z. B. gerollte Schläuche, Säcke) ebenerdig herzustellen.

7.1.2 Fahrzeug auf der Seite

Ein nach einem Verkehrsunfall auf der Seite liegendes Fahrzeug befindet sich in einer instabilen Lage. Bereits geringe Kräfte können zu einem Kippen führen. Deshalb sind primär Sicherungsmaßnahmen gegen Verrutschen (je nach Untergrund/ Witterung) beziehungsweise gegen Umkippen zu ergreifen.

Sicherung gegen Umfallen/Wegrutschen
Eine Sicherung gegen Umfallen/Wegrutschen erfolgt idealerweise, indem die dem Boden zugewandten Fahrzeugkanten an der A- und C-Säule sowie die Fahrzeugräder unterkeilt werden. Je nach Untergrund/Gefälle kann eventuell eine zusätzliche Fixierung mit Zugeinrichtungen, Spanngurten o. ä. erforderlich werden.

Stabilisieren durch Abstützen
Durch Abstützen eines Unfallfahrzeuges wird dieses in seiner vorgefundenen Lage fixiert und für die nachfolgenden Rettungsarbeiten vorbereitet. Zum Abstützen dienen zum einen extra konzipierte Fahrzeug-Abstützsysteme, zum anderen kann aber oft auch mit provisorischen Einsatzmitteln eine gute Abstützung aufgebaut werden. Die Platzierung der Abstützung darf die weiteren Rettungsarbeiten nicht behindern. Es ist beispielsweise an den möglichen Einsatz einer Rettungsplattform sowie das Entfernen oder Abklappen des Daches zu denken (Bild 37).

Bild 37: ***Ideal platzierte Abstützung, eine Rettungsplattform passt zwischen das Abstützmaterial (Foto: Feuerwehr Undorf)***

Stabilisieren durch Abstützsysteme

4-Punkt-Abstützung: Eine optimale Stabilisierung erfolgt durch eine Abstützung an vier Punkten. Die Umsetzung einer 4-Punkt-Abstützung wird von den Stützsystem-Herstellern unterschiedlich realisiert. Entweder kommen vier einzelne Stützen zum Einsatz oder es können durch Zusatzmaterial, z. B. in Form von Gurten, vier Fixpunkte gebildet werden.

3-Punkt-Abstützung: Durch den Einsatz von drei Stützen kann ebenfalls eine stabile Fixierung des Fahrzeuges erfolgen. Auf der Seite mit dem stärksten Gefälle bzw. der größten

Bewegungsgefahr werden zwei Stützen in Stellung gebracht. Die dritte Stütze wird auf der gegenüberliegenden Fahrzeugseite, mittig zwischen den Ansatzpunkten der bereits gesetzten Stützen, platziert. Auf diese Weise entsteht ein stabiles Dreieck (Bild 38).

Bild 38: ***3-Punkt-Abstützung (Foto: www.wiesbaden112.de)***

2-Punkt-Abstützung: Grundsätzlich ist der Einsatz von mindestens drei Stützen anzustreben. Die vorhandene Ausstattung, eine schnellstmögliche Rettung oder andere Einflüsse können es mit sich bringen, dass nur mit einer 2-Punkt-Abstützung gearbeitet werden kann. Mit dieser Variante kann meist auch eine hohe Stabilität erreicht werden.

Vorgehen im Einsatz:

1. Höhe der Stütze einstellen.
2. Stütze in Stellung bringen.
3. Spannband (Haken) in Fahrzeugöffnung einhängen. Ist keine Öffnung für den Haken am Fahrzeug vorhanden, muss diese geschaffen werden (z. B. mittels Akku-Schrauber).
4. Mit Ratsche das eingehängte Spannband leicht anziehen.
5. Gegebenenfalls Hitze-/Kantenschutz anbringen.
6. Stützen gleichzeitig spannen, bis das Fahrzeug stabil ist.

Stabilisieren durch provisorische Abstützungen

Einsatz von Steckleiterteilen: Für die Abstützung mit Steckleiterteilen werden neben den Leiterteilen noch Spanngurte mit Ratsche oder mindestens Feuerwehrleinen und Brechstangen benötigt.

Vorgehen im Einsatz:

1. Kopf des Leiterteils unter ein Fahrzeugrad bzw. gegen den Unterboden lehnen.
2. Leiterteil fest andrücken.
3. Spanngurt am Fahrzeug und am Leiterteil befestigen. Alternativ kann anstelle eines Spanngurtes auch eine Feuerwehrleine verwendet werden. Zum Spannen ist diese unter Verwendung einer Brechstange aufzudrehen (Bild 39).
4. Mit Ratsche das Spannband leicht anziehen.
5. Gurte gleichzeitig spannen, bis das Fahrzeug stabil ist.

Bild 39: ***Spannen der Feuerwehrleine durch Verdrehen mit einer Brechstange (Foto: H. Zöllner)***

Einsatz von Bau- und Windenstützen: Für eine Abstützung mit Bau- oder Windenstützen werden zusätzlich noch Keile benötigt. Aufgrund fehlender Ösen für die Haken eines Spanngurtes ist der Stützenfuß zu unterkeilen und ggf. mit einer Leine – ähnlich dem Vorgehen bei der Abstützung mittels Steckleiterteilen – mit dem Fahrzeug zu verbinden.

Vorgehen im Einsatz:

1. Höhe der Stütze einstellen.
2. Kopf der Stütze unter ein Fahrzeugrad bzw. gegen den Unterboden lehnen.
3. Stütze fest andrücken.
4. Stütze durch Unterkeilen sichern.
5. Gegebenenfalls mit Leine Verbindung herstellen und auf Spannung bringen.

Einsatz von Kanthölzern: Lange, angelehnte Kanthölzer können einen akut drohenden Umsturz verhindern.

Vorgehen im Einsatz:

1. Gegebenenfalls Länge des Kantholzes anpassen.
2. Kantholz unter ein Fahrzeugrad bzw. gegen den Unterboden lehnen.
3. Kantholz fest andrücken.
4. Kantholz durch Unterkeilen sichern (Bild 40).

Bild 40: ***Einsatz von Kantholz zur Stabilisierung (Foto: Holmatro)***

Bodenunebenheiten

Behindern Bodenunebenheiten den Einsatz, sind diese durch Einbringen von geeigneten Füllmaterialien (z. B. gerollte Schläuche, Säcke) ebenerdig herzustellen.

Merke:

Abstützungen sind ständig auf ihre Wirksamkeit zu kontrollieren und ggf. nachzustellen.

7.1.3 Fahrzeug auf dem Dach

Bei einem auf dem Dach liegenden Fahrzeug wirken sich vor allem Rutsch- und Schaukelbewegungen negativ auf die Insassen aus. Deshalb sind primär Sicherungsmaßnahmen gegen ein Verrutschen (je nach Untergrund/Witterung) beziehungsweise ein mögliches Aufschaukeln zu ergreifen.

Sicherung gegen Verrutschen/Aufschaukeln

Zur Sicherung gegen Verrutschen/Aufschaukeln werden die dem Boden zugewandten Fahrzeugseiten in Höhe der A- und der C-Säule unterkeilt (Bild 41). Je nach Untergrund/Gefälle wird eventuell eine zusätzliche Fixierung mit Zugeinrichtungen o. a. geeigneten Rückhaltesystemen notwendig.

Sicherung des Überlebensraumes

Das Einbringen eines Rettungszylinders soll ein Einknicken der Fahrzeugsäulen verhindern und ein weiteres, tieferes Eindringen von oben befindlichen Lasten verhindern, um den sogenannten Überlebensraum des Patienten zu sichern.

Bild 41: ***Unterbauen in Höhe der A- und der C-Säule als Erstmaßnahme (Grafik: Holmatro)***

Vorgehen im Einsatz:

1. Größe des notwendigen Rettungszylinders ermitteln.
2. Rettungszylinder in Stellung bringen, ggf. Unterlegplatten/Unterlegsysteme verwenden.
3. Rettungszylinder ausfahren, bis er einen festen Sitz hat.

Achtung:

Bei diesem Vorgehen unbedingt ein Anheben von Fahrzeugteilen vermeiden, da zu diesem Zeitpunkt meist noch keine weiteren Sicherungs-/Stabilisierungsmaßnahmen erfolgt sind.

Stabilisieren durch Abstützen

Durch Abstützen des Unfallfahrzeuges kann dieses in seiner vorgefundenen Lage stabilisiert und für die nachfolgenden

Rettungsarbeiten vorbereitet werden. Zum Einsatz kommen speziell konzipierte Fahrzeug-Abstützsysteme, aber auch provisorische Einsatzmittel. Die Platzierung der Abstützung darf die weiteren Rettungsarbeiten nicht behindern. Beispielsweise eine Durchtrennung der Fahrzeugsäulen mit der Option zum Herunterdrücken des Daches oder eine Seitenöffnung muss weiterhin möglich sein.

Stabilisieren durch Abstützsysteme

Einsatz von zwei Stützen: Im Bereich zwischen den B- und C-Säulen wird auf beiden Fahrzeugseiten jeweils eine Stütze platziert (Bild 42). Die Gurte werden nach Möglichkeit an der Fensterkante (Glas entfernen) eingehängt und anschließend gespannt. Auf ein Kreuzen der Gurtbänder sollte möglichst verzichtet werden, um einen freien Rettungsweg nach hinten heraus zu erhalten. Ein an der Dachkante oder im Blech eingehängter Gurt erschwert unter Umständen das Herunterdrücken des Daches.

Vorgehen im Einsatz:

1. Höhe der Stützen einstellen.
2. Stützen in Stellung bringen.
3. Spannbänder (Haken) am Fahrzeug einhängen.
4. Mit Ratsche Spannbänder leicht anziehen.
5. Stützen gleichzeitig spannen bis das Fahrzeug stabil ist.

Bild 42: ***Einsatz von zwei Stützen zur Stabilisierung (Foto: Patrick Allinger, Weber Rescue Systems)***

Einsatz einer Stütze: Diese Variante bietet einen maximalen Befreiungsraum. Neben der Stütze werden zwei Spanngurte sowie ein Keil benötigt. Die patientenseitige C-Säule wird mit dem Keil unterbaut. In der Einbaunische des Rücklichtes der gegenüberliegenden Seite wird die Stütze platziert (Rücklicht mit Halligan-Tool ausbrechen). Am Stützenfuß werden zwei Gurte befestigt. Diese führen jeweils zu einem möglichst weit vorne befindlichen Festpunkt am Fahrzeug (z. B. A-Säule, Vorderachse). Ein Gurt führt entlang der Fahrzeugaußenkante, der andere diagonal unter dem Dach zu dem ausgewählten Festpunkt.

Vorgehen im Einsatz:

1. Patientenseitige C-Säule mit einem Keil unterbauen.
2. Höhe der Stütze einstellen.
3. Stütze an der gegenüberliegenden Säule in Stellung bringen.
4. Gurtbänder an den vorderen Festpunkten einhängen.
5. Mit Ratsche die Gurtbänder leicht anziehen.
6. Gurtbänder gleichzeitig spannen bis das Fahrzeug stabil ist.

Provisorische Abstützung

Einsatz von Steckleiterteilen: Für eine Abstützung mit Steckleiterteilen werden neben den Leiterteilen noch Spanngurte mit Ratsche oder mindestens Feuerwehrleinen benötigt.

Vorgehen im Einsatz:

1. Kopf des Leiterteils gegen das Rad lehnen.
2. Leiterteil fest andrücken.
3. Spanngurt an der Achse und am Leiterteil befestigen. Alternativ kann anstelle eines Spanngurtes auch eine Feuerwehrleine verwendet werden.
4. Mit Ratsche das Spannband leicht anziehen.
5. Gurte gleichzeitig spannen bis das Fahrzeug stabil ist (Bild 43).

Bodenunebenheiten

Behindern Bodenunebenheiten den Einsatz, sind diese durch Einbringen von geeigneten Füllmaterialien (z. B. gerollte Schläuche, Säcke) ebenerdig herzustellen.

Bild 43: ***Stabilisierung mit Steckleiterteilen und Spanngurten (Foto: Maximilian Martin, Feuerwehr Saarlouis)***

7.1.4 Fahrzeug auf Fahrzeug

Einsätze, bei denen sich nach einem Unfall ein Fahrzeug auf einem anderen Fahrzeug befindet, sind eher selten. Bei derartigen Einsatzlagen bestehen unterschiedliche Gefahren. Im unteren Fahrzeug eingeklemmte Personen sind aufgrund des möglichen Nachsackens der oben befindlichen Last gefährdet. Ein Abrutschen des oben befindlichen Fahrzeuges gefährdet dessen Insassen sowie umstehende Helfer. Somit sind primär Sicherungsmaßnahmen gegen ein Abrutschen des oberen Fahrzeuges sowie gegen ein Eindringen in das untere Fahrzeug zu ergreifen.

Bild 44: ***Festzurren von aufeinander liegenden Fahrzeugen, um ein Abrutschen zu verhindern***

Sicherung gegen Abrutschen

Die auf dem Boden befindlichen Räder der beteiligten Fahrzeuge werden unterkeilt. Anschließend erfolgt eine Fixierung der Fahrzeuge untereinander mit Spanngurten (Bild 44).

Sicherung des Überlebensraumes

Das Einbringen eines Rettungszylinders soll ein Einknicken der Fahrzeugsäulen verhindern und somit den Überlebensraum des Patienten sichern.

Stabilisieren durch Fixieren/Abstützen/Unterbauen

Die beteiligten Fahrzeuge werden miteinander fixiert. Befinden sich im unteren Fahrzeug Personen, ist dieses nach dem Schema »Fahrzeug auf Rädern« zu unterbauen. Zu rettende Personen im oberen Fahrzeug erfordern ein zusätzliches Abstützen oder einen ausreichenden Unterbau (Bild 45). Die Platzierung der Abstützung darf die weiteren Rettungsarbeiten nicht behindern.

Einsatz von Abstützsystemen

Die Ansatzpunkte von Abstützsystemen hängen von der Position des zu stützenden Fahrzeuges ab.

Einsatz von zwei Stützen: Im Bereich der B-Säulen wird auf beiden Fahrzeugseiten jeweils eine Stütze platziert. Der Gurt wird dabei möglichst am Schweller oder Unterboden oder durch Überkreuzen befestigt.

Bild 45: ***Zusätzliches Fixieren und Abstützen zur Stabilisierung und Rettung von Personen aus dem oberen Fahrzeug***

Vorgehen im Einsatz:

1. Höhe der Stützen einstellen.
2. Stützen in Stellung bringen.
3. Spannbänder (Haken) am Fahrzeug einhängen.
4. Mit Ratsche Spannbänder leicht anziehen.
5. Stützen gleichzeitig spannen bis das Fahrzeug stabil ist.

Provisorische Abstützung

Einsatz von Steckleiterteilen: Für die Abstützung mit Steckleiterteilen werden neben den Leiterteilen noch Spanngurte mit Ratsche oder mindestens Feuerwehrleinen benötigt. Das Vorgehen gleicht dem bei Abstützsystemen.

Vorgehen im Einsatz:

1. Sprosse der Leiterteile gegen Fahrzeugsäule, Holme unter Dachkante.
2. Leiterkopf befestigen.
3. Leiterfüße miteinander verbinden und spannen.

Unterbau

Ist eine Abstützung nicht möglich, muss das Fahrzeug großflächig unterbaut werden. Hierzu können Kreuzholzstapel errichtet werden, eventuell in Kombination mit Niederdruck-Hebekissen (Bild 46).

Bodenunebenheiten

Behindern Bodenunebenheiten den Einsatz, sind diese durch Einbringen von geeigneten Füllmaterialien (z. B. gerollte Schläuche, Säcke) ebenerdig herzustellen.

Bild 46: ***Kreuzholzstapel als Unterbau***

7.1.5 Fahrzeug in Schräglage

An einem Hang oder auf einer Böschung befindliche Fahrzeuge sind hauptsächlich durch Abrutschen oder Umkippen gefährdet. Primär sind somit Sicherungsmaßnahmen gegen ein Abrutschen und Umkippen (je nach Untergrund und Neigung) zu ergreifen.

Sicherung gegen Abrutschen

Die Fahrzeugräder sind zu unterkeilen, das Fahrzeug wird an Festpunkten fixiert. Gegen das Fahrzeug gelehnte Kanthölzer können ein Abrutschen verhindern (Bild 47).

Bild 47: ***Einsatz von Kanthölzern zur Verhinderung des Abrutschens (Foto: www.wiesbaden112.de)***

Sicherung gegen Umkippen

Das Fahrzeug wird an Festpunkten fixiert. Es werden Abstützungen eingesetzt (Bild 48).

Bild 48: ***Sofortiges Abstützen als erste Sicherungsmaßnahme gegen Umkippen (Foto: Feuerwehr Oerlinghausen)***

Stabilisieren durch Fixieren/Abstützen/Unterbauen

Durch Abstützen gegen die Fallrichtung und Unterbauen nach dem Schema »Fahrzeug auf Rädern« wird das Unfallfahrzeug in seiner vorgefundenen Lage stabilisiert und für die nachfolgenden Rettungsarbeiten vorbereitet. Die Platzierung der Abstützung darf die weiteren Rettungsmaßnahmen nicht behindern. Eine Durchtrennung der Fahrzeugsäulen mit Abnahme des Daches oder eine Seitenöffnung sollten weiterhin möglich sein.

Einsatz von Abstützsystemen

Einsatz von zwei Stützen: Im Bereich der Fahrzeugunter- und -oberseite wird jeweils eine Stütze platziert. Die Gurte werden möglichst weit unten eingehängt und gespannt (Bild 49).

Bild 49: ***Abstützung an einer Böschung zur Verhinderung des Umsturzes (Foto: www.wiesbaden112.de)***

Vorgehen im Einsatz:

1. Höhe der Stützen einstellen.
2. Stützen in Stellung bringen.
3. Spannbänder (Haken) am Fahrzeug einhängen.
4. Mit Ratsche Spannbänder leicht anziehen.
5. Stützen gleichzeitig spannen bis das Fahrzeug stabil ist.

Provisorische Abstützung

Einsatz von Steckleiterteilen: Für die Abstützung mit Steckleiterteilen werden neben den Leiterteilen noch Spanngurte mit Ratsche oder mindestens Feuerwehrleinen benötigt (Bild 50).

Bild 50: ***Steckleiterteil und Baustütze als provisorische Abstützung (Foto: H. Zöllner)***

Vorgehen im Einsatz:

1. Sprosse der Leiterteile gegen Fahrzeugsäule, Holme unter Dachkante.
2. Leiterkopf befestigen.
3. Ggf. Leiterfüße miteinander verbinden und spannen.

Achtung:

Der Neigungswinkel darf bei Anschlagmitteln nicht größer als 60° sein.

Bodenunebenheiten

Behindern Bodenunebenheiten den Einsatz, sind diese durch Einbringen von geeigneten Füllmaterialien (z. B. gerollte Schläuche, Säcke) ebenerdig herzustellen.

7.1.6 Fahrzeug über Graben

Ein über einem Graben befindliches Fahrzeug ist durch ein Einknicken der Fahrzeugstruktur gefährdet. Primär sind somit Maßnahmen zum Unterbauen der Bodengruppe zu ergreifen. Ein drohendes Abrutschen ist wie im zuvor beschriebenen Punkt zu behandeln.

Sicherung und Stabilisierung durch Unterbauen

Der unter dem Fahrzeug befindliche Hohlraum ist mit geeignetem Füllmaterial (z. B. gerollte Schläuche, Säcke o. Ä.) aufzufüllen, um einen stabilen Untergrund für das Fahrzeug zu schaffen.

Vorgehen im Einsatz:

1. Erkundung der Tiefe und des Untergrundes.
2. Erforderliches Material einbringen.
3. Gegebenenfalls zusätzliche Abstützung/Fixierung.

7.1.7 Fahrzeug wippend

Der Verlust eines Rades, eine eingeknickte Bodengruppe oder Vertiefungen des Untergrundes können dazu führen, dass ein Fahrzeug nicht flächig auf dem Boden aufliegt und ein Rad in der Luft steht. In einer derartigen Position neigt das Fahrzeug leicht zum Wippen. Primär sind somit Maßnahmen zum Ausschalten einer möglichen Wipp-Bewegung zu ergreifen.

Stabilisierung durch Unterbauen

In die Luft ragende Fahrzeugteile sind zu unterbauen (Bild 51).

Stabilisierung durch Abstützen

Gegebenenfalls ist der Einsatz einer Abstützung in Betracht zu ziehen.

Bild 51: ***In die Luft ragende Fahrzeugteile sind zu unterbauen (Foto: H. Zöllner)***

7.1.8 Fahrzeug senkrecht stehend/anlehnend

Selten kommt es vor, dass Fahrzeuge nach einem Unfall senkrecht in der Luft oder an einem Objekt angelehnt stehen. Hier sind meist umfangreiche Sicherungs- und Stabilisierungsmaßnahmen erforderlich (Bild 52). Primär besteht die Gefahr des Umfallens. Somit sind zuerst Maßnahmen zum Abstützen zu ergreifen.

Bild 52: ***Ein hochkant stehendes Fahrzeug bedarf umfangreicher Sicherungs- und Stabilisierungsmaßnahmen (Foto: Hermann Kollinger)***

Sicherung und Stabilisierung durch Unterbauen/Fixieren
Großflächig angesetzte Abstützungen und ein eventuelles Fixieren des Fahrzeugs mit Gurten verhindern ein Umstürzen. Gegebenenfalls ist ein Hubrettungsfahrzeug einzusetzen, um die Fixierung sicher in der Höhe anzubringen. Frühzeitig etwaige Stellplätze für Hubrettungsfahrzeuge in die Einsatzplanung mit einbeziehen.

7.1.9 Fahrzeug auf Hindernis/Objekt

Bei einem Unfall können Fahrzeuge auf den unterschiedlichsten Objekten oder Hindernissen zum Stillstand kommen. Hier sind auch Lagen möglich, bei denen sich ein Fahrzeug mit dem Dach, einer Fahrzeugseite oder dem Unterboden auf dem Hindernis befindet (Bild 53). Neben dem Abrutschen oder Herunterfallen des Fahrzeuges besteht zudem die Gefahr des Versagens des Objektes durch Überlastung. Primär sind somit Maßnahmen gegen Abrutschen und Umkippen, aber auch ein Unterbauen durchzuführen.

Bild 53: ***Abstützung bei einem Fahrzeug, das sich auf einer Bodenerhebung befindet (Foto: Arne Mundt)***

Sicherung gegen Abrutschen/Umkippen

Durch Fixieren am Objekt (z. B. mit Spanngurten) oder den Einsatz von Abstützungen kann das Fahrzeug in seiner Position gesichert werden.

Stabilisieren durch Abstützen/Unterbauen

Je nach Lage können sehr umfangreiche Stabilisierungsmaßnahmen und der Einsatz von Sondergerätschaften erforderlich werden (Bild 54).

Bild 54: ***Abstütz- und Unterbaumaßnahmen bei einem auf der Leitplanke aufliegenden Pkw (Foto: Jeremy Rizer, www.mindelmedia.de)***

7.2 Sichern und Stabilisieren von Lkw/ Bussen

Die Sicherung und Stabilisierung eines Lkw oder Busses zählt bei den meisten Feuerwehren zu den eher seltenen Aufgaben. Neben dem Wissen um die besonderen Konstruktionsmerkmale ist hier eine geeignete Ausrüstung unabdingbar. Im Einsatz müssen zudem die Höhen und größeren Gesamtmassen der Fahrzeuge berücksichtigt werden. Aufgrund der hohen Komplexität der Maßnahmen können in diesem Heft nur allgemeine Aufgaben betrachtet werden.

7.2.1 Wegrollen

Ein auf den Rädern stehender Lkw, Anhänger oder Bus ist hauptsächlich durch Wegrollen gefährdet. Primär sind deshalb Maßnahmen zur Verhinderung eines Wegrollens notwendig.

Sicherung gegen Wegrollen
Die Räder des Lkw und gegebenenfalls dessen Anhängers/Aufliegers bzw. die Räder des Busses sind zu unterkeilen (Bild 55). Je nach Untergrund/Gefälle ist eventuell eine zusätzliche Fixierung mit Zugeinrichtungen erforderlich.

Bild 55: ***Unterkeilen der Räder eines Aufliegers (Foto: www.wiesbaden112.de)***

7.2.2 Abrutschen/Umkippen

Befindet sich ein Lkw oder Bus an einem Hang, einer Böschung oder in einer sonstigen Schieflage, kann ein Verrutschen von Ladungselementen zum Abrutschen oder Umstürzen des Fahrzeuges führen. Primär sind deshalb Sicherungsmaßnahmen gegen ein Abrutschen oder Umstürzen (je nach Untergrund/Neigung/Ladung) zu ergreifen.

Sicherung gegen Abrutschen

Die Fahrzeugräder werden unterkeilt. Zusätzlich erfolgt eine Fixierung des Fahrzeuges an Festpunkten oder mit Zugeinrichtungen. Wenn zeitnah verfügbar, können auch Kranfahrzeuge zur Sicherung eingesetzt werden (Bild 56). Dabei ist an eine ausreichend große Aufstellfläche zu denken.

Bild 56: ***Einsatz eines Mobilkrans zur Sicherung gegen Abrutschen (Foto:*** *www.wiesbaden112.de)*

Sicherung gegen Umkippen

Zur Sicherung gegen Umkippen werden Abstützungen und Fixierungsmaterial eingesetzt (Bild 57).

Bild 57: *Sichern gegen Umkippen durch Einsatz einer Zugeinrichtung (Foto: Hermann Kollinger)*

Stabilisierung mit Abstützsystemen

Mehrpunkt-Abstützung: Idealerweise finden extra ausgelegte Lkw-Abstützsysteme Verwendung (Bild 58). Eine Abstützung an mehreren Punkten ermöglicht eine optimale Stabilisierung und Lastverteilung. Bei der Umsetzung sind die Gesamtmasse und Aufnahmemöglichkeiten der Einsatzmittel aufeinander abzustimmen.

Vorgehen im Einsatz:

1. Notwendige Anzahl der Stützen ermitteln.
2. Höhe der Stützen einstellen.
3. Stützen in Stellung bringen.

4. Spannband (Haken) in Fahrzeugöffnung einhängen. Ist keine Öffnung für den Haken am Fahrzeug vorhanden, muss diese geschaffen werden (z. B. mittels Akku-Schrauber).
5. Mit Ratsche das Spannband leicht anziehen.
6. Gegebenenfalls Hitze-/Kantenschutz anbringen.
7. Stützen gleichzeitig spannen bis das Fahrzeug stabil ist.

Bild 58: ***Speziell konzipierte Lkw-Stabilisierungsstütze***

Bei Verwendung von Bau- oder Windenstützen sowie Kanthölzern ist analog dem oben beschriebenen Vorgehen zu verfahren. Der Einsatz von Steckleiterteilen ist nicht zu empfehlen, da diese nicht für so hohe Belastungen ausgelegt sind.

Bodenunebenheiten
Behindern Bodenunebenheiten den Einsatz, sind diese durch Einbringen von geeigneten Füllmaterialien (z. B. gerollte Schläuche, Säcke) ebenerdig herzustellen.

7.2.3 Lkw-Fahrerhaus

Die Fahrzeugfederung, die der Komfortsteigerung dienende Fahrerhausfederung, aber auch die infolge eines Unfalls möglicherweise zerstörte Fahrerhauslagerung machen eine Sicherung und Stabilisierung des Fahrerhauses auf dem Fahrgestellrahmen sowie das Ausschalten der Federwege erforderlich.

Sicherung gegen Umkippen/Herunterfallen
Der Einsatz von Abstützungen und das Festzurren mit Spanngurten verhindern ein Umkippen oder Herunterfallen des Fahrerhauses vom Fahrgestell (Bild 59).

Bild 59: ***Abgestütztes Lkw-Fahrerhaus. Die Federwege wurden mittels Spanngurt ausgeschaltet (Foto: www.feuerwehrleben.de)***

Stabilisieren durch Fixieren/Abstützen/Unterbauen

Fixieren des Fahrerhauses:

Vorgehen im Einsatz:

1. Langes Gurtband über das Fahrerhaus legen.
2. Öse/Haken des Gurtbandes in eine Felge oder eine um die Vorderachse gelegte Rundschlinge einhängen.
3. Öse/Haken der Ratsche in die gegenüberliegende Felge oder eine um die Vorderachse gelegte Rundschlinge einhängen.
4. Gurtband ausrichten und spannen (Bild 60).

Bild 60: ***Mittels Spanngurt auf dem Fahrgestellrahmen festgezurrtes Lkw-Fahrerhaus (Foto: FF Altdorf/FF Feucht)***

Abstützen des Fahrerhauses: Am Fahrerhaus angebrachte Stützen tragen zusätzlich zur Stabilisierung bei. Auch hier ist ein vorausschauendes Ansetzen wichtig, um die weiteren Rettungsarbeiten nicht zu behindern. Sofern möglich, sollte auf spezielle Lkw-Abstützsysteme zurückgegriffen werden, da diese in der Größe und Belastbarkeit angepasst sind.

Unterbauen des Fahrerhauses: In die Federwege eingebrachte Rüsthölzer blockieren die Federung und verhindern dadurch unerwünschte Bewegungen des Fahrerhauses.

7.2.4 Sonderlagen

Die Bilder 61 und 62 zeigen Beispiele für Sonderlagen, die in einer allgemeingültigen Ausbildungsliteratur nicht ausführlich behandelt werden können. Sie belegen, wie umfangreich Maßnahmen zur Sicherung und Stabilisierung sein können.

Bild 61: ***Lkw auf Pkw – umfangreiche Sicherungs- und Stabilisierungsmaßnahmen an einem Lkw-Auflieger (Foto: Feuerwehr Gütersloh)***

Bild 62: ***Lkw auf Pkw – Einsatz eines Baggers, Gabelstaplers und Lkw-Ladekrans zur Sicherung und Stabilisierung (Foto: Feuerwehr Undorf)***

8 Witterungsbedingte Besonderheiten

Extreme Wetterlagen (z.B. Starkregen, starker Schneefall, Eis oder Sturm) können die Sicherungs- und Stabilisierungsmaßnahmen an Einsatzstellen erschweren und behindern. Dennoch muss auch bei widrigen Witterungsverhältnissen stets auf die Sicherheit der am Unfall beteiligten Personen sowie der Einsatzkräfte geachtet werden. Hierzu sind manchmal entsprechende Vorarbeiten erforderlich. Ebenso kann die Verwendung von bestimmten Hilfsmitteln notwendig werden.

Aufgeweichte Böden können beispielsweise durch Auflegen von Auffahrbohlen befahrbar gemacht werden. Auf eisglatten Untergründen können »Eisschuhe« von Drehleiter-Abstützungen als Basis für Stabilisierungsmaterialien dienen. Gegebenenfalls muss der Untergrund auch ganz von Schnee und Eis befreit werden, bevor Sicherungs- und Stabilisierungsmaßnahmen erfolgen können. Bei Dunkelheit ist zudem der Arbeitsbereich ausreichend hell und möglichst blendfrei auszuleuchten, um ein sicheres Arbeiten zu gewährleisten.

9 Sicherheitsassistent

Für die Sicherheit an einer Einsatzstelle sind neben dem Anlegen der vollständigen Schutzkleidung (ggf. auch Warnwesten) eine fundierte Ausbildung sowie die Wahl der richtigen Einsatzmittel und -taktik essenziell. Die Implementierung der Funktion eines so genannten »Sicherheitsassistenten« kann zusätzlich helfen, Gefahrensituationen an Einsatzstellen zu entschärfen.

Der Sicherheitsassistent soll die Sicherheit an der Einsatzstelle erhöhen und nicht die Entscheidungen des Einsatzleiters als »falsch« oder »richtig« beurteilen. Er beobachtet und bewertet ständig sicherheitsrelevante Faktoren und kontrolliert die ergriffenen Maßnahmen auf ihre Sicherheit hin. Erkennt der Sicherheitsassistent ein Problem, teilt er dies dem Einsatzleiter mit und schlägt ihm gegebenenfalls eine Lösung vor.

Bei akuter Gefahr ist es ihm erlaubt, Führungsebenen zu überspringen und direkt in Maßnahmen einzugreifen. Ein derartiger Führungsdurchgriff sollte allerdings nur erfolgen, wenn

- eine unmittelbare Gefahr für Leib und Leben besteht,
- die Gefahr einer Verschlechterung der Gesamtsituation besteht,
- eine Information des Einsatzleiters/Einheitsführers aufgrund der Eilbedürftigkeit des Einschreitens nicht möglich ist.

Der Sicherheitsassistent sollte eindeutig gekennzeichnet sein (Bild 63). Dies erleichtert sein Durchgreifen bei Sicherheitsbedenken. Er sollte so früh wie möglich an der Einsatzstelle zur Verfügung stehen und den Einsatzleiter als kompetenter Partner unterstützen.

Bild 63: ***Sicherheitsassistent an der Einsatzstelle (Foto: Adrian Ridder)***

Die Gegenwart eines Sicherheitsassistenten hebt das Grundprinzip der Eigenverantwortung jeder einzelnen Einsatzkraft nicht auf. Vielmehr ist er ein zusätzliches »Paar Augen und Ohren« für den Einsatzleiter.

10 Zurücknahme der Einsatzgerätschaften

Nach der erfolgten Personenrettung kann in der Regel ein großer Teil der technischen Rettungsgeräte zurückgenommen und die Einsatzstelle für die Übergabe an andere Behörden und Institutionen vorbereitet werden. Die Einsatzphase »Rückbau« sollte ebenso koordiniert verlaufen wie die eigentlichen Rettungsarbeiten selbst. Gesicherte Bedingungen können helfen, Unfälle zu vermeiden.

Eingesetztes Sicherungs- und Stabilisierungsmaterial sollte – insbesondere wenn es an ab- oder umsturzgefährdeten Fahrzeugen eingesetzt wurde – nur mit größter Vorsicht entfernt werden. Manchmal empfiehlt es sich auch, Stützen, Seile o. Ä. erst nach einer Sicherung des Unfallfahrzeuges durch ein Bergungsunternehmen zu entfernen.

Den aufeinander abgestimmten, schrittweisen Rückbau der Einsatzstelle sollte eine Führungskraft koordinieren. Wird ein Sicherheitsassistent eingesetzt, begleitet dieser idealerweise auch die Zurücknahme der Einsatzgeräte.

Eine konsequente Überprüfung der eingesetzten Gerätschaften auf Beschädigungen und Vollzähligkeit hin gewährleistet einen sicheren Folgeeinsatz.

11 Zusammenfassung

Ein akut ab- oder umsturzgefährdetes Fahrzeug macht die sofortige Durchführung von Sicherungsmaßnahmen erforderlich. Um eine patientengerechte Rettung, d.h. Vermeidung von weitergehenden Beeinträchtigungen und Folgeverletzungen des Patienten durch unkontrollierte Bewegungen und Erschütterungen, zu gewährleisten, aber auch zum Schutz der Rettungskräfte, muss das Fahrzeug festgesetzt werden.

Ziel ist es, das Unfallfahrzeug in seiner vorgefundenen Lage zu sichern und für die nachfolgenden Rettungsarbeiten zu stabilisieren. Nur durch eine konsequente, standardmäßige Ergreifung von Maßnahmen zur Sicherung und Stabilisierung von Fahrzeugen kann eine hohe Sicherheit für die beteiligten Personen und Einsatzkräfte erreicht werden. Oft erfolgen die dazu erforderlichen Arbeiten parallel oder gehen ineinander über. Gewisse Abstriche beim Umfang dürfen lediglich bei einer notwendigen »Sofortrettung« erfolgen, jedoch müssen Rettungsarbeiten immer noch unter einem hohen Maß an Sicherheit durchführbar sein! Es ist stets darauf zu achten, dass nachfolgende Einsatzmaßnahmen (z.B. Rettungsgeräteeinsatz, Befreiung etc.) nicht behindert werden.

Die Erkundung darf sich nicht nur auf das zu sichernde Fahrzeug beziehen. Vielmehr muss auch das Umfeld beachtet werden (z.B. Masten oder Bäume, die infolge einer Kollision umzustürzen drohen, Ladung, die gesichert werden muss).

Schlusswort

Jeder Einsatz stellt unterschiedliche Anforderungen an die Einsatzkräfte, die es zu bewältigen gilt. Hilfreich ist dabei ein breites, fundiertes Wissen um geeignete Einsatzmittel, deren Anwendung sowie fahrzeugspezifische Besonderheiten und Grundlagen. Ein ausgedehntes Repertoire an Einsatzmöglichkeiten und taktischen Maßnahmen ist ebenso hilfreich. Hierzu bedarf es einer regelmäßigen, realitätsnahen Auseinandersetzung mit dem Thema im Übungsdienst. Grundsätzlich muss ein großer Wert auf die Aus- und Fortbildung der Einsatzkräfte gelegt werden, um die Maßnahmen sicher beherrschen und erfolgreich umsetzen zu können.

Bedanken möchte ich mich bei allen, die mich bei der Erstellung dieses Heftes tatkräftig unterstützt haben.

Björn Liedtke

Literaturnachweise

Bruckberger, H.-J.: Woraus besteht eigentlich ein Auto?, KFZwirtschaft 2020, online abrufbar unter: https://www.automotive.at/kfz-wirtschaft/woraus-besteht-eigentlich-ein-auto-9429, letzter Zugriff: 07.10.2021.

Bühner, F., Linnarz, S.: Anschlagmittel, Die Roten Hefte/Gerätepraxis kompakt Nr. 404, Verlag W. Kohlhammer, Stuttgart, 2012.

Daimler AG (Hrsg.): Leitfaden für Rettungsdienste – Lkw, Stuttgart, 2012.

Deutsche Gesetzliche Unfallversicherung (DGUV): DGUV Information 205-010 »Sicherheit im Feuerwehrdienst« (Stand: 07.2011).

Döbbeling, E.-P., Zinser, R., Bohm, F., Gerhards, F.: Lkw-Unfall – Die Rettung, Die Roten Hefte Nr. 81, Verlag W. Kohlhammer, Stuttgart, 2005.

Eidgenössische Koordinationskommission für Arbeitssicherheit (EKAS): Arbeitssicherheit und Gesundheitsschutz im Umgang mit Hochvoltsystemen von Hybrid- und Elektrofahrzeugen, online abrufbar unter: https://www.agvs-upsa.ch/sites/default/files/global_files/ekas-broschuere-hochvolt-06281_d.pdf, letzter Zugriff: 07.10.2021.

EvoBus GmbH (Hrsg.): Leitfaden für Rettungsdienste – Mercedes-Benz Omnibusse bis Baujahr 2011, Mannheim, 2011.

Feuerwehr-Dienstvorschrift (FwDV) 1 »Grundtätigkeiten im Lösch- und Hilfeleistungseinsatz«.

Feuerwehr-Dienstvorschrift (FwDV) 3 »Einheiten im Lösch- und Hilfeleistungseinsatz«.

Feuerwehrwinde.de: Ausbildungsunterlagen für Spulmat, online abrufbar unter: https://www.feuerwehrwinde.de/download/gefahrenanalyse_fw.pdf, letzter Zugriff: 07.10.2021.

Ingenieurskurse.de: Aufbaukonzepte eines Pkw, online abrufbar unter: https://www.ingenieurkurse.de/fahrzeugtechnik/karosserie/aufbaukonzepte-eines-pkw.html, letzter Zugriff: 07.10. 2021.

Internetportal http://www.technische-hilfeleistung.info, letzter Zugriff: 23.11.2021.

Kfz-serviceportal.de: Die Karosserie bei Kraftfahrzeugen – Funktionen und Arten im Überblick, online abrufbar unter: https://kfz-serviceportal.de/lexikon/karosserie/, letzter Zugriff: 07.10. 2021.

Landesfeuerwehrschule Baden-Württemberg: Einsatzhinweise für alternativ angetriebene Fahrzeuge und alternative Energieträger: Oktober 2018, online abrufbar unter: https://www.lfs-bw.de/fileadmin/LFS-BW/themen/technik/th/dokumente/Einsatzhinweise_Alternative_Antriebe.pdf, letzter Zugriff: 07.10. 2021.

Lehrunterlagen der Berufsfeuerwehr Düsseldorf.

Liedtke, Björn: Halligan Tool, Die Roten Hefte/Gerätepraxis kompakt Nr. 403, Verlag W. Kohlhammer, Stuttgart, 2018.

Liedtke, Björn: Hubrettungsfahrzeuge im technischen Hilfeleistungseinsatz, Verlag W. Kohlhammer, Stuttgart, 2020.

Ridder, A.: Die Funktion »Safety Officer« bzw. »Sicherheitsassistent«, In: BRANDSchutz/Deutsche Feuerwehr-Zeitung 8/2010, S. 646 ff.

Rotzler.de: Sicherer Umgang mit Seilwinden, online abrufbar unter: http://www.rotzler.de/uploads/tx_swiavpdfmodule/Sicherer_Umgang_Seilwinden.pdf, letzter Zugriff: 07.10.2021.

Südmersen, J., Cimolino, U., Heck, J., Heyne, T., Springer, H.: Technische Hilfeleistung bei Pkw-Unfällen, 2. Auflage, Ecomed-Verlag, Landsberg, 2008.

Tretzel, F.: Leinen, Seile, Hebezeuge – Teil 1: Stiche, Knoten und Bunde, Die Roten Hefte Nr. 3 a, 15. Auflage, Verlag W. Kohlhammer, Stuttgart, 2003.

Tretzel, F.: Leinen, Seile, Hebezeuge – Teil 2: Ziehen und Heben, Die Roten Hefte Nr. 3 b, 15. Auflage, Verlag W. Kohlhammer, Stuttgart, 2005.

Vereinigung zur Förderung des Deutschen Brandschutzes e. V. (vfdb): Unfallhilfe und Bergen bei Fahrzeugen mit Hochvolt-

Systemen (Merkblatt 06/04 Stand: 01.11.2017), online abrufbar unter: https://www.vfdb.de/fileadmin/download/merkblatt/Merkblatt_0604_2017.pdf, letzter Zugriff: 07.10.2021.

Vereinigung zur Förderung des Deutschen Brandschutzes e.V. (vfdb): Merkblatt: »Technische – medizinische Rettung nach Verkehrsunfällen« (Merkblatt zur Richtlinie 06/01 Stand 15.03.2020), online abrufbar unter: https://www.vfdb.de/fileadmin/download/merkblatt/Merkblatt_06_01_03_2020.pdf, letzter Zugriff: 07.10.2021.

Weber-Hydraulik GmbH (Hrsg.): Betriebsanleitung Stab-Fast MK 2 Alu, 2020.